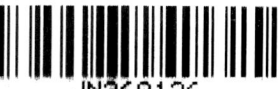

電気・電子工学テキストシリーズ 2

電気機器

山下英生　猪上憲治
舩曳繁之　西村　亮　著

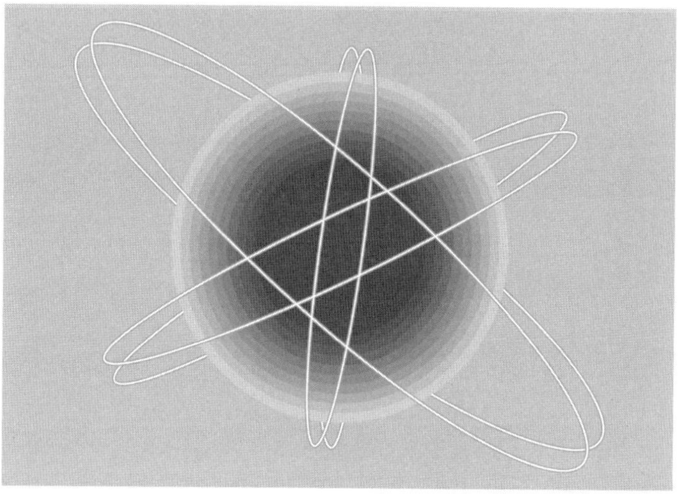

朝倉書店

まえがき

電気機器と称される機器には，次の3タイプがある．1つは，磁気エネルギーを介して電気エネルギーと機械エネルギーの相互変換を行う回転機であり，もう1つは，磁気エネルギーを介して電気エネルギーの形態を変換する変圧器，3つめが，パワーエレクトロニクス技術を応用して電気エネルギーの開閉，変換，制御を行う機器である．

前者2タイプの歴史は古く，19世紀末にはすでに現在の回転機，変圧器の原形はできあがり，実用化されていた．しかしその後，ケイ素鋼板や永久磁石材料などの材料面での著しい進歩，鉄心の成層や大容量化，高電圧化の種々の技術進歩，有限要素法など解析技術と計算機性能の進歩による設計技術の飛躍により，機器の効率の向上，大容量化，小型軽量化，高速化，省エネルギー化などの点で着実に発展を遂げている．これらは電磁エネルギー変換機器ともいわれ，現在では，ロボットや産業機械に使われるアクチュエータなどの新しい電磁エネルギー変換機器も多数開発されている．

一方，パワーエレクトロニクス技術は，1950年代の電力用半導体デバイスの発明を機に，種々のデバイスの出現と前者2タイプの電気機器との組み合わせによる各種電磁エネルギー制御機器が開発され，省エネルギー化，高効率化，高速化に大きな貢献をしている．

さらに，情報化社会を迎え，より豊かな社会を創出するために，これら電磁機器の応用範囲はますます拡大している．一般の家庭には，50個以上のモータが存在しているといわれている．たとえば冷蔵庫，洗濯機，扇風機，エアコン，髭剃り，電動歯ブラシ，VTR，DVDレコーダ・プレーヤ，カメラ，パソコンなどなど．自家用車1台の中にも20個以上のモータが使用されている．また社会生活の中では，電車，エスカレータ，エレベータ，駅の自動改札機，回転寿司の回転台，さらに生産現場の各種の自動化された機械など，電磁機器なしには語れない．このように電磁機器はわれわれの生活を豊かにするためになくてはならない装置であり，今後も電磁エネルギーを応用する新しい装置が開発されるであろう．

本書は，今後も発展するであろう電磁エネルギー変換機器，電磁エネルギー制御機器を中心に，大学での電気機器学の講義用にまとめたものであり，電磁エネルギー変換の原理の理解に役立つものと確信する．

最後に，本書の発行の機会を与えていただき，さらに刊行にあたり一方ならぬご尽力をいただいた朝倉書店編集部に心から感謝申し上げる．

2006年2月

著者代表　山下英生

目　　　次

第4章　同　期　機　61

第5章　直　流　機　89

第6章　パワーエレクトロニクス　*114*

第1章　電気機器の基礎

電気エネルギーは最も使いやすいエネルギー形態であり，現在ではわれわれが生活を営むうえで不可欠なものとなっている．電気エネルギーは，主に発電所で同期機により機械エネルギーから変換され，変圧器などの電気設備を用いて需要地に送電され，各負荷へ供給されている．負荷で種々の機器を通して動力，光，熱などに変換されて利用されている．これら電気エネルギーの発生，輸送，利用において用いられる電気機器は，磁界を媒介として動作している．そこでまず，電気機器の動作を理解するうえでの基礎的な現象について学ぶ．

1.1　電流のつくる磁界

導体に電流が流れると，そのまわりには磁界が発生する．図1.1(a) に，まっすぐな無限長の導体に電流（I）が流れるとき発生する磁界（H）の様子を示す．発生する磁界の方向は，電流の流れる方向にドライバでネジ（右ネジ）をねじ込むときのネジの回転方向になる．これを**右ネジの法則**という．また図1.1(b) に示すように，複数本の導体を電流が任意の方向に流れているとする．磁界は導体を囲むように発生し，これら導体を流れる電流で発生する各磁力線は導体を囲

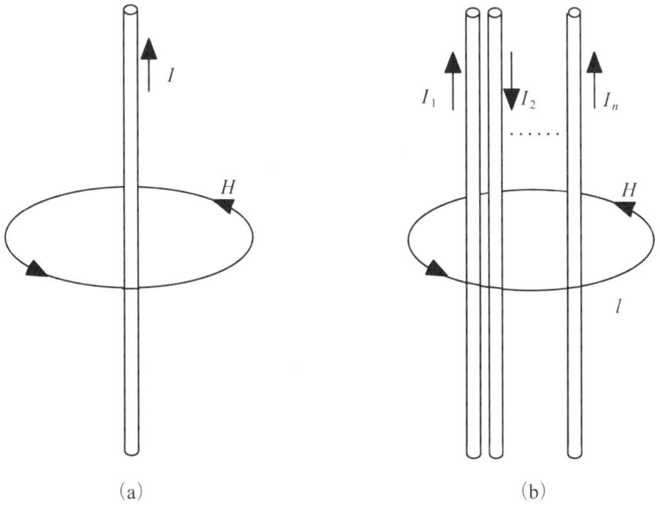

図 1.1　電流のつくる磁界

む閉曲線となる．そこで，導体を取り囲む任意の磁力線に沿って線積分すると次式が成立する．

$$\oint H dl = \sum I_n \tag{1.1}$$

ここで，$\sum$ は磁力線で囲まれた電流の総和［A］，H は磁界の強さ［A/m］を表す．これを**アンペア周回積分の法則**または**アンペアの法則**という．

【例題 1.1】 図1.1(a) で無限長の導体を10 A の電流が流れているとき，導体から0.1 m 離れた場所での磁界の強さを求めよ．

〈解答〉 アンペア周回積分の法則より，導体より半径 r（$=0.1$ m）の位置の磁界の強さを H とすると，

$$H \times 2\pi r = I$$

これより，

$$H = \frac{I}{2\pi r} = \frac{50}{\pi} \text{ [A/m]}$$

1.2 電気/機械エネルギー変換

図1.2(a) のように一様な磁界中（磁束密度 $\boldsymbol{B}$［T］）にまっすぐな導体を置き，その導体に電流 $\boldsymbol{i}$［A］を流すと，導体に力が働く（本章では，ベクトルを意味する記号を $\boldsymbol{B}$ のように太字で表現する）．力は，図1.2(b) に示すように左手の親指，人差し指，中指を互いに垂直にし，人差し指を磁界の方向，中指を電流の方向としたとき，親指の向きに発生する．これを**フレミングの左手の法則**という．導体の長さを l［m］としたとき，発生する力 $\boldsymbol{f}$［N］は

$$\boldsymbol{f} = \boldsymbol{i} \times \boldsymbol{B} l \tag{1.2}$$

となる．この発生する力を電磁力という．

次に，図1.3(a) のように一様な磁界中（磁束密度 $\boldsymbol{B}$［T］）に置いた長さ l［m］の導体が図の方向に速度 $\boldsymbol{v}$［m/s］で運動するとき，導体には電圧が発生

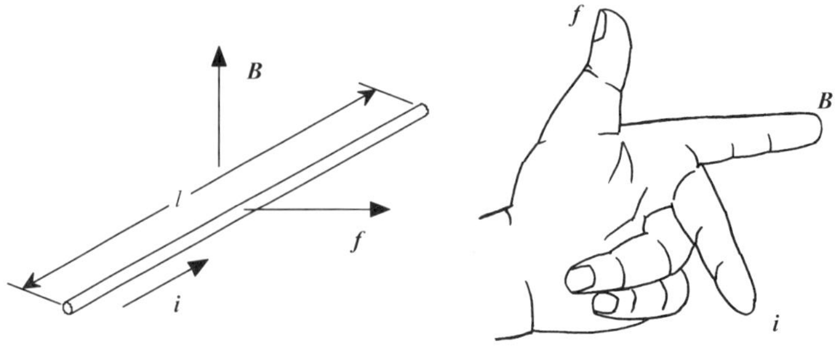

(a)　(b)

図 1.2 フレミングの左手の法則

する．電圧は，図 1.3(b) に示すように右手の親指，人差し指，中指を互いに垂直にし，親指を導体の運動方向，人差し指を磁界の方向としたとき，中指の向きに発生する．これを**フレミングの右手の法則**という．発生する電圧 $\boldsymbol{e}$ [V] は，

$$\boldsymbol{e}=\boldsymbol{v}\times\boldsymbol{B}l \tag{1.3}$$

となる．この発生する電圧を起電力という．

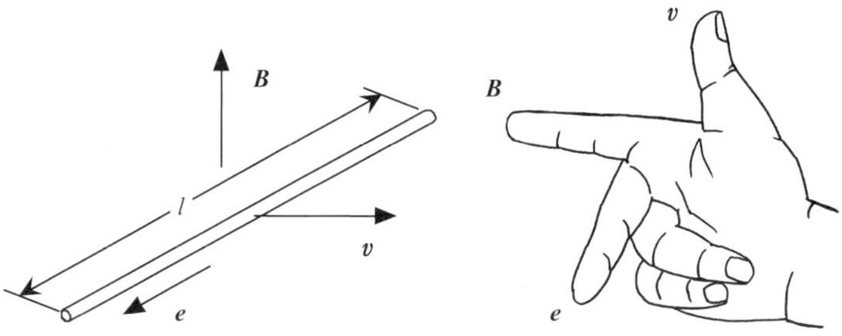

図 1.3　フレミングの右手の法則

フレミングの左手の法則と右手の法則を用いて，電気/機械エネルギー変換について考えよう．電磁力 $\boldsymbol{f}$ と速度 $\boldsymbol{v}$ の内積は，式 (1.2)（フレミングの左手の法則）より次式となる．

$$\boldsymbol{f}\cdot\boldsymbol{v}=\boldsymbol{i}\times\boldsymbol{B}l\cdot\boldsymbol{v} \tag{1.4}$$

また，公式 $(\mathbf{A}\times\mathbf{B})\cdot\mathbf{C}=-\mathbf{A}\cdot(\mathbf{C}\times\mathbf{B})$ と式 (1.3)（フレミングの右手の法則）を用いると，式 (1.4) は次式となる．

$$\boldsymbol{f}\cdot\boldsymbol{v}=\boldsymbol{i}\times\boldsymbol{B}l\cdot\boldsymbol{v}=-\boldsymbol{i}\cdot(\boldsymbol{v}\times\boldsymbol{B})\,l=-\boldsymbol{i}\cdot\boldsymbol{e} \tag{1.5}$$

式 (1.5) は，電気/機械エネルギー変換に関して次のことを意味している．

1.2.1　発　電　機

電磁力 $\boldsymbol{f}$ に打ち勝つ機械力 $\boldsymbol{f}_m=-\boldsymbol{f}$ を外部より加え，導体の速度を $\boldsymbol{v}$ に維持すると，

$$\boldsymbol{f}_m\cdot\boldsymbol{v}=-\boldsymbol{f}\cdot\boldsymbol{v}=\boldsymbol{i}\cdot\boldsymbol{e} \tag{1.6}$$

が成立する．これは，外部から加えた機械エネルギー（$\boldsymbol{f}_m\cdot\boldsymbol{v}$）が電気エネルギー（$\boldsymbol{i}\cdot\boldsymbol{e}$）に変換されることを示す式であり，発電機の機械エネルギーから電気エネルギーへの変換の原理を表している．

1.2.2　電　動　機

起電力 $\boldsymbol{e}$ に打ち勝つように外部電源 $\boldsymbol{V}$ を加え，この電圧と逆方向に電流 $\boldsymbol{i}$ を流すと，

$$\boldsymbol{i}\cdot\boldsymbol{V}=-\boldsymbol{i}\cdot\boldsymbol{e}=\boldsymbol{f}\cdot\boldsymbol{v} \tag{1.7}$$

が成立する．これは，外部から加えた電気エネルギー（$\boldsymbol{i}\cdot\boldsymbol{V}$）が機械エネルギー（$\boldsymbol{f}\cdot\boldsymbol{v}$）に変換されることを示す式であり，電動機の電気エネルギーから機械

エネルギーへの変換の原理を表している.

電磁現象を利用した電気機器

磁界を介して電気エネルギーと機械エネルギーを変換する電気機器として，次のようなものがある.

- 磁界中に置かれた導体に電流を流し，電磁力を得るもの
  電動機（直流機，誘導機），スピーカー，可動コイル形計器
- 磁界中で導体を運動させ，起電力を得るもの
  発電機（直流機，同期機），マイクロフォン

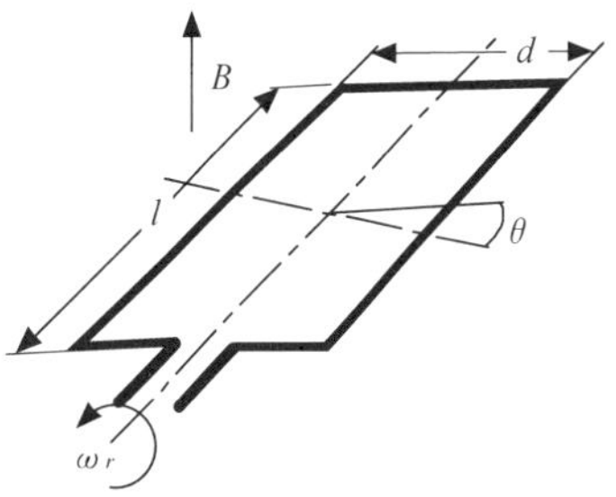

図 1.4

【例題 1.2】 図1.4に示すように，磁界中に磁界と直角な回転軸をもつ長方形のコイルを置き，反時計方向に ω_r の角速度で回転させた．このときこのコイルに発生する起電力を，フレミングの法則を用いて求めよ．ただし，コイル面と磁界に垂直な面のなす角を θ とする．ただし，$t=0$ のとき $\theta=0$ である．

〈解答〉 コイルが磁束をきる速度は，

$$v=\frac{d}{2}\omega_r\sin\theta=\frac{d}{2}\omega_r\sin\omega_r t$$

である．したがって，発生する起電力は，式（1.3）より

$$e=vBl=\frac{d}{2}\omega_r\sin\omega_r t\cdot B\cdot 2l=ldB\omega_r\sin\omega_r t$$

となる．

1.3　誘導起電力

図1.5に示すように，閉回路Cの中を磁束 ϕ［Wb］が通り（鎖交し），磁束は時間とともに変化している．このとき，閉回路には鎖交する磁束の変化に比例した電圧が発生する．このように，磁束の変化により電圧が発生する現象を電磁誘導という．この現象は実験的に「1つの閉回路に電磁誘導によって発生する起電力は，この回路に鎖交する磁束数の時間的変化に比例する」ことが知られており，これを**ファラデーの法則**という．また，発生する起電力は，磁束の変化を妨げる向きに発生する．したがって，図1.5の閉回路Cに発生する起電力 e［V］は

$$e=-\frac{d\phi}{dt} \tag{1.8}$$

となる．

図1.6に示すように，磁束密度 B［T］の磁界中を長さ l［m］$\times d$［m］のコ

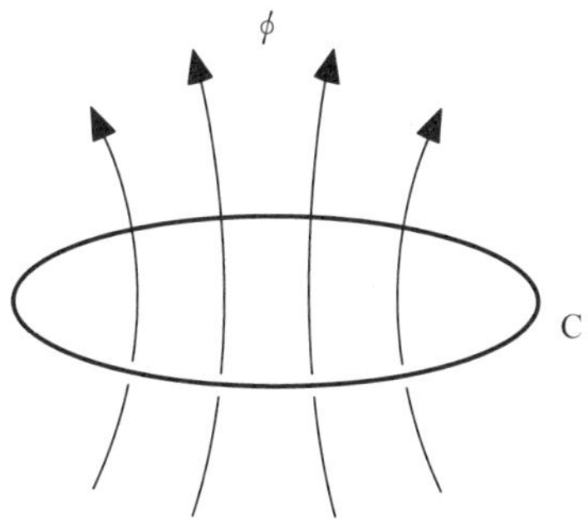

図 1.5 ファラデーの法則

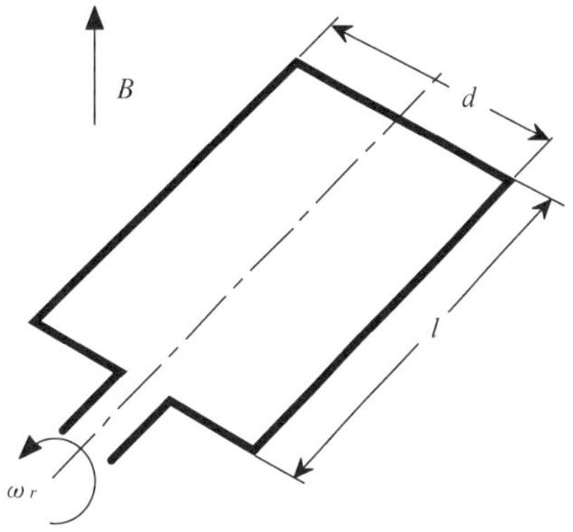

図 1.6 誘導起電力

イルが反時計方向に角速度 ω_r [rad/s] で回転する場合を考える．ここで磁束密度 B は次式で示されるように時間的に変化するものとする．

$$B(t)=B_m \sin \omega t \tag{1.9}$$

ここで，B_m は磁束密度の最大値，ω は角速度である．
これより，回転するコイルと鎖交する磁束 $\Phi(t)$ は

$$\Phi(t)=dlB_m \sin \omega t \cos \omega_r t \tag{1.10}$$

となる．また，式 (1.10) は次のように表される．

$$\Phi(t)=B(t)S(t) \tag{1.11}$$

ここで，

$$S(t)=dl \cos \omega_r t$$

である．これより，コイルに発生する誘導起電力はファラデーの法則より次式となる．

$$e=-\frac{d\Phi}{dt}=-\left(\frac{\partial \Phi}{\partial B}\frac{dB}{dt}+\frac{\partial \Phi}{\partial S}\frac{dS}{dt}\right) \tag{1.12}$$

式 (1.12) の右辺第 1 項は，

$$-\frac{\partial \Phi}{\partial B}\frac{dB}{dt}=-\omega dlB_m \cos \omega t \cos \omega_r t \tag{1.13}$$

と表される．この項は，形状が変化しないコイルに，時間的に変化する磁束が鎖交したときに発生する起電力である．これを**変圧器起電力**とよぶ．

一方，式 (1.12) の第 2 項は，

$$-\frac{\partial \Phi}{\partial S}\frac{dS}{dt}=\omega_r dlB_m \sin \omega t \sin \omega_r t \tag{1.14}$$

と表され，磁束が時間的に変化しないコイルで，コイルの運動により発生する起電力を表している．これを**速度起電力**とよぶ．

ファラデーの法則とレンツの法則

1つの電気回路を鎖交する磁束が変化するとき，その回路に電圧が発生する現象が電磁誘導である．鎖交する磁束の変化と発生する電圧の大きさの関係は，ファラデーの法則により計算できる．すなわち，回路に発生する起電力の大きさは，鎖交磁束数の時間的変化に比例する．一方，発生する起電力の向きは，鎖交磁束が増加する場合にはその増加を抑えるように電流を流そうとする方向，また鎖交磁束が減少する場合には増加するように電流を流そうとする方向となる．この電磁誘導により発生する起電力の方向を示したのが**レンツの法則**である．

【例題 1.3】 図 1.4 のコイルに発生する起電力をファラデーの法則を用いて求めよ．

〈解答〉 コイルと鎖交する磁束は，

$$\phi = ldB\cos\theta = ldB\cos\omega_r t$$

である．したがって，発生する起電力は式（1.8）より

$$e = -\frac{d\phi}{dt} = ldB\omega_r \sin\omega_r t$$

となり，例題 1.2 の解と同じになる．

1.4 磁 気 回 路

図 1.7 に示す断面積 S［m^2］，磁路長 l［m］の鉄心にコイルを N 回巻いたリアクトルを製作した．これに外部より電流 i［A］を流すと，鉄心中の図の方向に磁束 ϕ［Wb］が発生する．磁束に漏れがなく，すべての磁束が鉄心中を通ると仮定すれば，このリアクトルの鎖交磁束 Φ は，

$$\Phi = N\phi \tag{1.15}$$

となる．ファラデーの法則よりコイルの端子電圧 v［V］は，

$$v = \frac{d\Phi}{dt} = N\frac{d\phi}{dt} \tag{1.16}$$

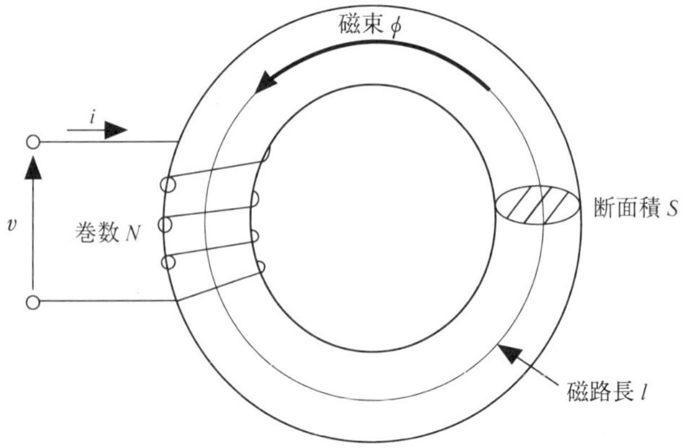

図 1.7 リアクトル

となる．鉄心の透磁率を μ [H/m] とすれば，鉄心の磁気抵抗 R_m [A/Wb] は，

$$R_m=\frac{l}{\mu S} \tag{1.17}$$

と表される．また，起磁力，磁気抵抗，磁束の間には，電気回路のオームの法則と同じ関係が成り立つので，次式が成立する．

$$\phi=\frac{Ni}{R_m} \tag{1.18}$$

ここで，Ni は起磁力である．

式 (1.18) を式 (1.16) に代入すると，

$$v=N\frac{d\phi}{dt}=\frac{N^2}{R_m}\frac{di}{dt}=L\frac{di}{dt} \tag{1.19}$$

が得られる．ここで，L [H] はこのリアクトルのインダクタンスで，$L=N^2/R_m$ である．

磁気回路のオームの法則

直流回路において，直流電圧 V の電源に負荷として抵抗 R を接続すると電流 I が流れる．これは電気回路におけるオームの法則で，

$$I=V/R$$

と表される．一方，図 1.7 のように鉄心にコイルを N 回巻き，それに直流電流 i を流す場合を考える．このとき，鉄心中に発生する磁束 ϕ，起磁力 Ni，磁気抵抗 R_m の間には，次の関係が成立する．

$$\phi=Ni/R_m$$

これは磁気回路のオームの法則である．すなわち，電気回路と磁気回路において，

電気回路		**磁気回路**
電圧 V	$\longleftrightarrow$	起磁力 Ni
電流 I	$\longleftrightarrow$	磁束 ϕ
電気抵抗 R	$\longleftrightarrow$	磁気抵抗 R_m

の対応関係がある．

【例題 1.4】 図 1.8 に示すギャップをもつ鉄心にコイルを巻いたリアクトルがある．このリアクトルの鉄心に発生する磁束を求めよ．ただし，$N=200$，$i=10$ A，$l_i=0.25$ m，$l_g=0.005$ m，$S=5\times10^{-4}$ m^2，鉄心の比透磁率 $\mu_s=2000$，空気の透磁率 $\mu_0=4\pi\times10^{-7}$ である．また，鉄心からの磁束の漏れ，ギャップでの磁束の広がりはないものとする．

〈解答〉 鉄心の磁気抵抗は，

$$R_i=\frac{l_i}{\mu_s\mu_0 S}=\frac{0.25}{2000\times4\pi\times10^{-7}\times5\times10^{-4}}=\frac{2.5\times10^6}{4\pi}$$

ギャップの磁気抵抗は，

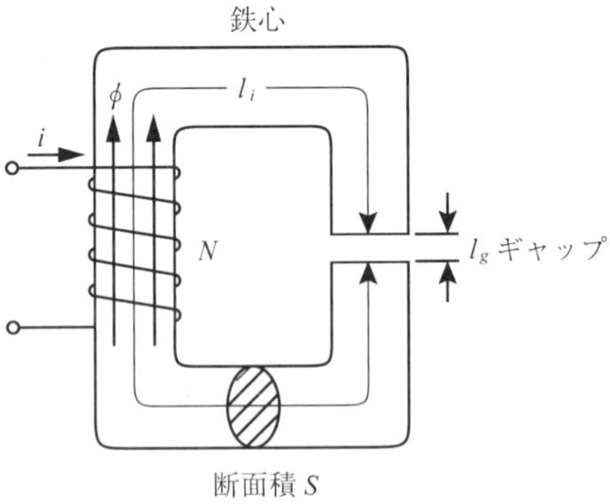

図 1.8

$$R_g = \frac{l_g}{\mu_0 S} = \frac{0.005}{4\pi \times 10^{-7} \times 5 \times 10^{-4}} = \frac{10^8}{4\pi}$$

となる．したがって，磁気回路のオームの法則

$$Ni = (R_g + R_i) \times \phi$$

より，磁束 ϕ は

$$\phi = \frac{Ni}{R_g + R_i} = \frac{200 \times 10}{\frac{10^8}{4\pi} + \frac{2.5 \times 10^6}{4\pi}} = \frac{8\pi}{102.5} \times 10^{-3} = 2.45 \times 10^{-4} \text{ [Wb]}$$

となる．

1.5 磁気回路に蓄えられるエネルギー

図1.9(a) に示すギャップをもつ鉄心に，コイルを巻いたリアクトルの入力端子に電圧 v を加える．このときこのリアクトルへの電気入力は，コイルの抵抗を無視すれば，磁気エネルギーとしてリアクトルに蓄えられる．

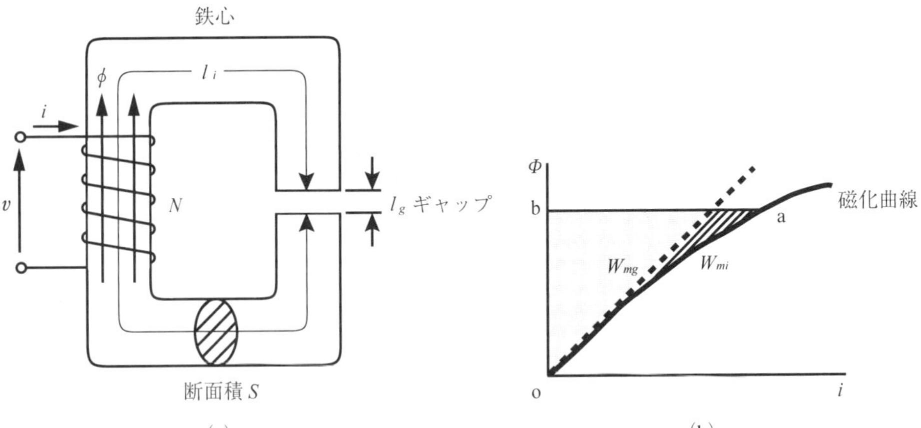

図 1.9

微小時間 dt に電源からリアクトル供給されるエネルギー dW_e は,

$$dW_e = ivdt = i\frac{d\Phi}{dt}dt = id\Phi \tag{1.20}$$

である．このエネルギーがすべて磁気エネルギーとして蓄えられるので，磁気エネルギーの増加分 dW_m は dW_e と等しくなる．これよりリアクトルに蓄えられている磁気エネルギー W_m は,

$$W_m = \int_0^{\Phi} id\Phi \tag{1.21}$$

で与えられる．これは図 1.9(b) の面積 oabo になる．

鉄心とギャップの磁気抵抗 R_i, R_g が

$$R_i = \frac{l_i}{\mu_s \mu_0 S} \tag{1.22}$$

$$R_g = \frac{l_g}{\mu_0 S} \tag{1.23}$$

より，起磁力との間で次式の関係が成立する．

$$Ni = (R_g + R_i) \times \phi \tag{1.24}$$

これより,

$$i = \frac{\phi}{N}(R_g + R_i) = \frac{B}{N}\left(\frac{l_i}{\mu_s \mu_0} + \frac{l_g}{\mu_0}\right) \tag{1.25}$$

となる．ここで，B は磁束密度である．また，鎖交磁束について

$$\Phi = N\phi = NSB \tag{1.26}$$

の関係があることより $d\Phi = NSdB$ となり,

$$\begin{aligned} W_m &= \int_0^{\Phi} id\Phi \\ &= Sl_i \int_0^B \frac{B}{\mu_s \mu_0} dB + Sl_g \int_0^B \frac{B}{\mu_0} dB \\ &= W_{mi} + W_{mg} \end{aligned} \tag{1.27}$$

を得る．この式で，右辺第 1 項 W_{mi} は鉄心中に蓄えられる磁気エネルギーを表し，右辺第 2 項 W_{mg} はギャップの空気中に蓄えられる磁気エネルギーを表している．一般に，鉄心の比透磁率は数千あり，ギャップのエネルギーは大きくなる．

文　　献

1) 尾本，多田隈，山下，山本，米山“電気機器工学 I”，電気学会 (1987).
2) 猪狩“電気機械学”，コロナ社 (1980).
3) 中田，沖津，石原，森田，大西“電気機器 I”，朝倉書店 (1992).
4) 佐藤“電気機器工学”，丸善 (1996).
5) 磯部“電気機器の入門”，東京電機大学出版局 (1981).

演　習　問　題

● 1.1　図1.2(a) において，

$$i(t)=2\sin 120\pi t\ \ [\mathrm{A}]$$

$$B(t)=1.5\sin\left(120\pi t-\frac{\pi}{2}\right)\ \ [\mathrm{T}]$$

であるとき，導体に発生する電磁力を求めよ．ここで，$l=0.5$ m とする．

● 1.2　図1.10のように1つの鉄心に2つのコイルが巻かれている．今，左側のコイル（巻き数 N_1）に電流 $i_1(t)=10\sin 120\pi t$ [A] を流した．このとき鉄心に発生する磁束 $\phi(t)$ を求めよ．また，右側のコイル（巻き数 N_2）に発生する電圧 $v_2(t)$ を求めよ．ここで，$N_1=100$，$N_2=500$，鉄心の断面積 $S=4\times10^{-4}$ m^2，磁路長 $l=0.5$ m，鉄心の比透磁率 $\mu_S=1000$ であり，磁束の鉄心からの漏れはないとする．

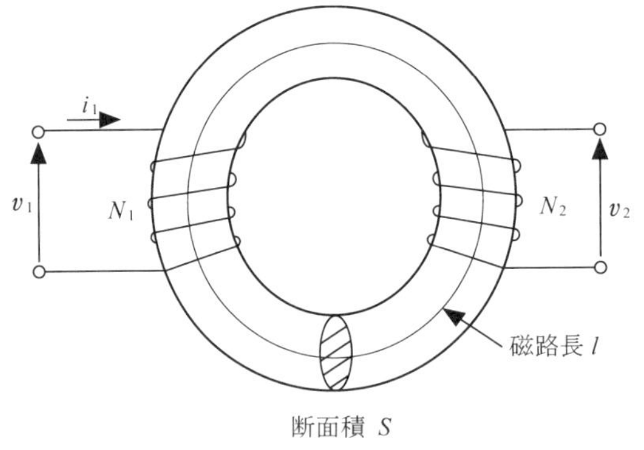

図 1.10

第2章　変　　圧　　器

変圧器は交流電力における電圧変換（昇圧または降圧）に用いられる装置であり，静止器に分類される．本章では変圧器の原理，特性，運転方法について述べる．

基本的な変圧器は図 2.1(a) に示すように，2 つのコイル（巻線）を磁気的に結合させたものである．図中 r_1，r_2 および x_1，x_2 は 1 次側および 2 次側コイルの巻線抵抗とリアクタンスである．コイルに電流が流れるときに発生する磁束を有効に伝えるため，コイルは鉄心に巻くことが多い．1 次側 U，V 端子間[*1] に印加した電圧は巻数比（N_1 と N_2 の比）に応じて昇圧または降圧され，2 次側 u，v 端子間[*1] に現れる．変圧器を

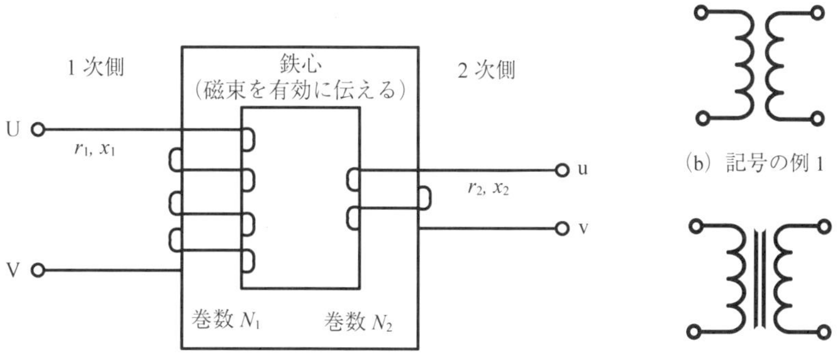

（a）概略　（b）記号の例 1　（c）例 2

図 2.1　変圧器の概略と記号

（a）数十 W 程度の小電力用　（b）配電用　（c）高電圧・大電力用

図 2.2　種々の変圧器の外観

＊1　端子の記号は，1 次側を大文字にし，2 次側を小文字で書く．

回路図に記入する場合，図 2.1(b) または (c) のように書くことが多い．

変圧器の寸法・外観は用途によって種々のものがあり，図 2.2 にその例を示す．扱う電力が大きいほど装置は大型になる．

2.1 変圧器の原理および理論

2.1.1 理想変圧器

巻線抵抗がゼロ，発生した磁束は鉄心の外に漏れない，磁束が鉄心を通るとき鉄心中に「渦電流」が発生しないような，「損失のない」変圧器を**理想変圧器**とよぶ．この変圧器の動作をまず説明する（本章以降，ベクトルを意味する文字には $\dot{E}$ のように「ドット」をつける）．

変圧器はファラデーの電磁誘導の法則を利用している．この法則はある回路（ここでは変圧器のコイル）を貫く磁束 $\dot{\phi}$ が時間変化するときに，その回路には $d\dot{\phi}/dt$ に比例した起電力 $\dot{E}$ が生じる．したがってコイルの巻数を N として，

$$\dot{E}=N\frac{d\dot{\phi}}{dt} \tag{2.1}$$

その起電力の方向は，「$\dot{E}$ によって回路に流れる電流」がつくる磁界が磁束 $\dot{\phi}$ の時間変化を妨げる向きになる（逆起電力）．1 次側の端子 UV 間に正弦波電圧 $\dot{V}=V_m\cos\omega t$ を印加すると，1 次側コイルには $\dot{V}$ よりも位相が $\pi/2$ 遅れた磁化電流 I_{00}（非常に小さい）が流れる（コイルはインダクタであることに注意）．その電流によって生じる磁束 $\dot{\phi}$ は，電流と同相であるので $\dot{\phi}=\phi_m\sin\omega t$ と書くことができる．このように，大きさと方向が時間変化する磁束を「交番磁束」とよぶ．この磁束は 1 次側コイルを貫いており，それによって生じる逆起電力 $\dot{E}_1$ は図 2.3 のように $\dot{V}$ と平衡，すなわち大きさと位相が等しい（どちらも端子 V から U の方向を向いている）．つまり，

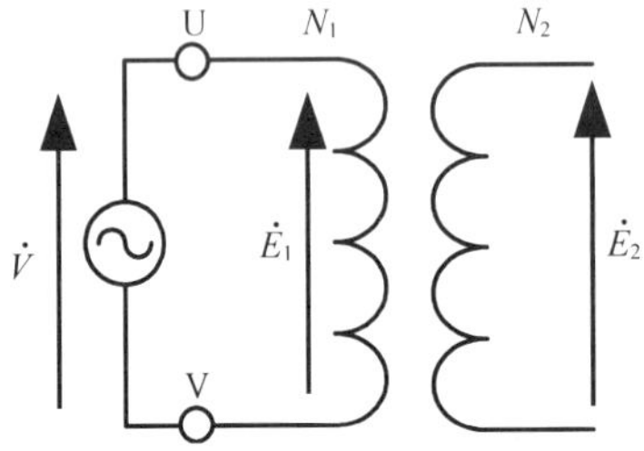

図 2.3　印加電圧と起電力

$$\dot{E}_1=N_1\frac{d\dot{\phi}}{dt}=N_1\omega\phi_m\cos\omega t=V_m\cos\omega t \tag{2.2}$$

また，磁束 $\dot{\phi}$ は鉄心を通って 2 次側コイルも貫く．すると同様に 2 次側には

$$\dot{E}_2=N_2\frac{d\dot{\phi}}{dt} \tag{2.3}$$

の起電力が発生することになる．この $\dot{E}_2$ の方向（位相）はコイルの巻き方により，$\dot{E}_1$ と同じ（同相）または逆（逆相）になる．式 (2.2) および (2.3) より，

$$\dot{E}_2=\frac{N_2}{N_1}\dot{E}_1=\left(\frac{N_1}{N_2}\right)^{-1}\dot{E}_1=\frac{1}{a}\dot{E}_1=\frac{1}{a}\dot{V}_1 \tag{2.4}$$

となる．ここで，$a=N_1/N_2$ は**巻数比**である．

また図 2.4(a) のように，1 次側端子電圧（入力電圧）$\dot{V}_1$，1 次側逆起電力 $\dot{E}_1$（$=\dot{V}_1$），2 次側端子電圧（出力電圧）$\dot{V}_2$（巻線での電圧降下がないので，$\dot{E}_2$ に等しい）の理想変圧器の 2 次側に負荷 $\dot{Z}_L$ を接続すると，負荷に応じた電流 $\dot{I}_2$ が 2 次側コイルを流れ，それが磁束を生み出す（電流 $\dot{I}_2$ による起磁力$=\dot{I}_2N_2$）．この磁束は 1 次側コイルも貫くため，1 次側起電力は $\dot{E}_1$ から変動することになる．この変動を打ち消そうとして図 2.4(b) のように 1 次側の電源から電流 $\dot{I}_1$ を引き出して $\dot{I}_2N_2$ を打ち消す起磁力をつくる．このとき，$\dot{I}_2N_2=\dot{I}_1N_1$ なので，

$$\dot{I}_1=\frac{N_2}{N_1}\dot{I}_2=\frac{1}{a}\dot{I}_2 \tag{2.5}$$

が 1 次側を流れる．ここで，1 次側コイルの電力（皮相電力）V_1I_1 は式 (2.4) および (2.5) より，

$$V_1I_1=(aE_2)\left(\frac{1}{a}I_2\right)=E_2I_2 \tag{2.6}$$

となり，負荷に供給した皮相電力と一致する．この皮相電力 [VA] を変圧器の**容量**とよび，変圧器の寸法，重量，価格の目安になる．

また，図 2.4(b) において，1 次側の電流・電圧と 2 次側に接続した負荷の間には

$$\dot{I}_1=\frac{1}{a}\dot{I}_2=\frac{1}{a}\frac{\dot{E}_2}{\dot{Z}_L}=\frac{1}{a}\frac{(1/a)\,\dot{V}_1}{\dot{Z}_L}=\frac{\dot{V}_1}{a^2\dot{Z}_L}=\frac{\dot{V}_1}{\dot{Z}_L'} \tag{2.7}$$

の関係がある．これは，「電圧 $\dot{V}_1$ の電源に負荷 $\dot{Z}_L'$（$=a^2\dot{Z}_L$）を接続したら大きさ $\dot{I}_1$ の電流が流れた」ことを意味する．これは，2 次側に接続された負荷 $\dot{Z}_L$ は，1 次側に換算すれば（1 次側電源にとっては）$a^2\dot{Z}_L$ となることを意味する．

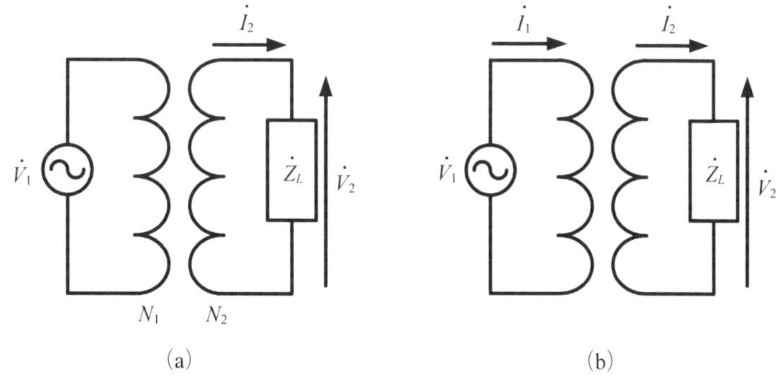

図 2.4　負荷を接続したときの理想変圧器の動作

2.1.2　実際の変圧器

実際の変圧器はコイルの導線にインピーダンス（抵抗とリアクタンス）があり，電力の消費（損失…負荷損・銅損）および電圧降下が生じる．また，励磁時に鉄心中に渦電流が発生し，これも損失（無負荷損・鉄損）となる．そこで，そ

れらを考慮して，実際の変圧器の等価回路を次のように考える．

(1) 1次側コイル導線の抵抗を r_1，リアクタンス（**漏れリアクタンス**）を x_1 とする（巻線のインピーダンス…**漏れインピーダンス**は r_1+jx_1）．2次側も同様に，抵抗と漏れリアクタンスを r_2，x_2 とする．

(2) 1次側端子に電源 $\dot{V}_1$ を接続し，2次側コイル端子に負荷 $\dot{Z}_L$ を接続する．

(3) 1次側のインピーダンスで電圧降下が生じ，$\dot{V}_1'$ となる．

(4) その $\dot{V}_1'$ となった1次側電圧が，

　(4-1) 励磁回路を駆動し，磁束を発生させる．

　(4-2) 理想変圧器によって，2次側に伝達される．この理想変圧器の磁束による1次側および2次側の起電力を $\dot{E}_1$，$\dot{E}_2$ とする．

(5) 理想変圧器の2次側起電力から，2次側インピーダンスによる電圧降下を差し引いた電圧が2次側端子電圧となる．

以上のことを考慮すると，実際の変圧器の等価回路は図2.5のようになる．図中の2次側の電圧，抵抗，リアクタンスは1次側に変換したものである．また x_m は1次側コイルと2次側コイルの相互インダクタンスに対応するリアクタンスであり，r_m は励磁時の損失（鉄損）を表すための抵抗である．この変圧器の動作を表すベクトル図は図2.6のようになる．①～⑯はベクトルを描く順番で，

① 励磁電圧 $\dot{V}_1'$（$\neq$1次電圧 V_1）

② 磁化電流 $\dot{I}_{00}$ は $\dot{V}_1'$ より $\pi/2$ 遅れる．

③ 鉄損電流 $\dot{I}_{w0}$ は $\dot{V}_1'$ と同相．

④ 励磁電流 $\dot{I}_0=\dot{I}_{00}+\dot{I}_{w0}$（ベクトルの合成）

⑤ $\dot{I}_{00}$ によって生じた磁束 $\dot{\Phi}$ は $\dot{I}_{00}$ と同相．

⑥ 理想変圧器1次側に $\dot{E}_1$ が誘導（$\dot{V}_1$ と同相，同じ大きさ）．

⑦ 理想変圧器2次側に $\dot{E}_2$ が誘導（この例では $\dot{E}_2$ は $\dot{E}_1$ と同相）．

⑧ 2次側に（負荷を接続しているので）電流 $\dot{I}_2$ が流れる（このベクトルは適当に描いてよい）．

⑨ 理想変圧器1次側にも（$\dot{I}_2$ による起磁力を打ち消すために）電流 $\dot{I}_1'$ が

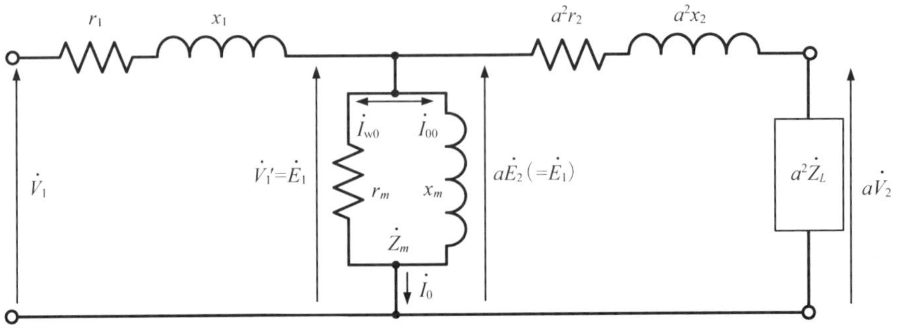

図 2.5　実際の変圧器の等価回路

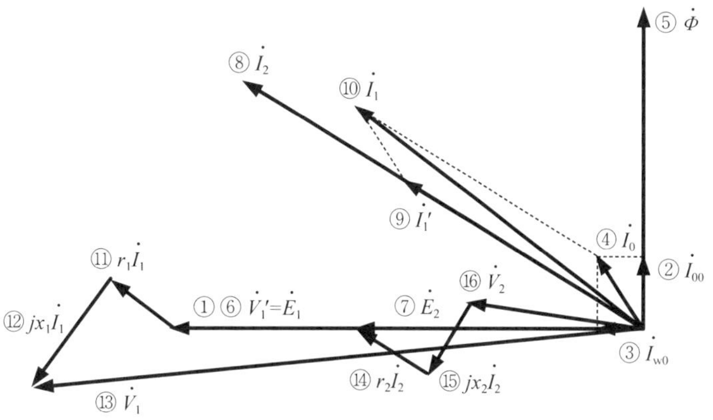

図 2.6 実際の変圧器のベクトル図

流れる．…式（2.5）

⑩ 電源は 1 次側に電流 $\dot{I}_1=\dot{I}_1'+\dot{I}_0$ を供給しなければならない．

⑪ r_1 での電圧降下（$\dot{I}_1$ と同相なので，$\dot{I}_1$ と平行に描く）

⑫ x_1 での電圧降下（$\dot{I}_1$ よりも $\pi/2$ 進んでいる）

⑬ 1 次側の電源電圧 $\dot{V}_1=\dot{V}_1'+r_1\dot{I}_1+jx_1\dot{I}_1$

⑭ r_2 での電圧降下（$\dot{I}_2$ と平行）

⑮ x_2 での電圧降下（$\dot{I}_2$ よりも $\pi/2$ 進んでいる）

⑯ 2 次側端子電圧 $\dot{V}_2=\dot{E}_2-r_2\dot{I}_2-jx_2\dot{I}_2$

また，計算を簡略にする場合，図 2.5 の 1 次側インピーダンスによる電圧降下が小さいので，等価回路を図 2.7 のように描く場合もある．

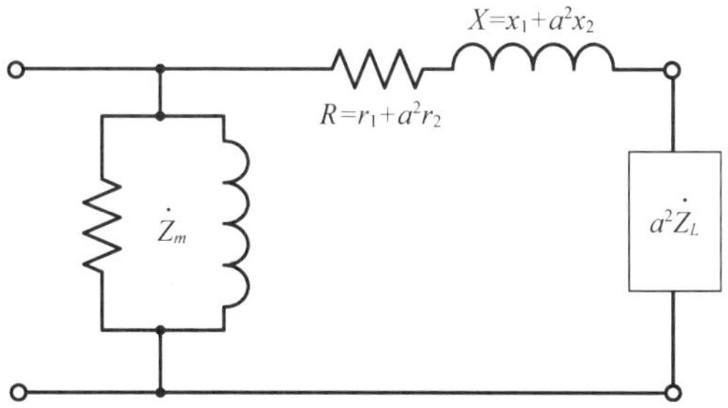

図 2.7 実際の変圧器の等価回路（簡略化）

2.1.3 等価回路のパラメータ（回路定数）決定法：無負荷試験と短絡試験

ある単相変圧器に対し，

(1) 励磁部のパラメータの決定（**無負荷試験・開放試験**）

(1-1) 2 次側を開放し，1 次側に定格周波数の定格電圧 V_1 [V] を印加する．

(1-2) 変圧器への入力電流 I_0 [A] と入力電力 W_0 [W] を測定する．

(1-3)　V_1，I_0，W_0 から励磁部の r_m と x_m を決定できる．

(2)　巻線の抵抗とリアクタンスの決定（**短絡試験**）

(2-1)　2次側を短絡し，1次側に定格周波数の電圧を印加する．このとき，変圧器への入力電流が定格1次電流 I_1 になるように1次側電圧を調整する（その電圧を V_s［V］とし，「インピーダンス電圧」または「インピーダンスボルト」とよぶ）．

(2-2)　そのときの変圧器への入力電力 W_s［W］（インピーダンスワット）を測定する．

(2-3)　V_s，I_1，W_s から，コイルの抵抗とリアクタンス（図2.7の R と X）を決定できる．

無負荷試験で測定した入力電力 W_0 は，変圧器に定格の周波数・電圧を印加した場合に励磁部で消費される電力であり，**鉄損**（鉄心中の渦電流損およびヒステリシス損）とよばれる（**無負荷損**という場合もある）．短絡試験では，印加電圧が定格電圧よりもかなり低いため，励磁部での電力消費を無視して考えてよい．測定した入力電力 W_s は定格周波数の1次電流でのコイルにおける電力損失であり，**銅損**とよぶ．また，V_s の V_1 に対する比 $V_s/V_1\times100=\%Z$ を「パーセントインピーダンス」とよぶ．

【例題2.1】　上記の無負荷試験と短絡試験で得られた測定結果から，実際の変圧器の等価回路のパラメータを決定せよ．

〈解答〉　無負荷試験では，r_m と x_m の並列接続回路のみに電圧 V_1 を印加している．この場合の電力 W_0 は r_m でのみ消費されていることに着目して，

$$V_1^2/r_m=W_0 \qquad \therefore \quad r_m=V_1^2/W_m$$

$$V_1=Z_mI_0 \qquad \therefore \quad Z_m=V_1/I_0$$

$$\frac{1}{Z_m}=\sqrt{\left(\frac{1}{r_m}\right)^2+\left(\frac{1}{x_m}\right)^2}$$

$$\therefore \quad x_m=1\Bigg/\sqrt{\left(\frac{1}{Z_m}\right)^2-\left(\frac{1}{r_m}\right)^2}=1\Bigg/\sqrt{\left(\frac{I_0}{V_1}\right)^2-\left(\frac{W_m}{V_1^2}\right)^2} \tag{2.8}$$

短絡試験では，R と X の直列接続回路のみに電圧 V_s を印加していると考える．この場合の電力 W_s は R のみで消費されていることに着目して，

$$W_s=I_s^2R \qquad \therefore \quad R=W_s/I_s^2$$

$$\sqrt{R^2+X^2}=\frac{V_s}{I_s} \qquad \therefore \quad X=\sqrt{\left(\frac{V_s}{I_s}\right)^2-R^2}=\sqrt{\left(\frac{V_s}{I_s}\right)^2-\left(\frac{W_s}{I_s^2}\right)^2} \tag{2.9}$$

2.1.4　鉄損の抑制

変圧器において交番磁界が鉄心を通過すると鉄心中に起電力が生じ，前述のように渦電流が流れ，これにより鉄心が発熱する．これは入力電力の一部が熱とし

て失われていることにほかならない．この損失を抑制するために，鉄心は純鉄ではなく，素材の抵抗率を高くすることを目的として，ケイ素を2～4% 混入した鉄材を用いる．なおかつこの鉄材は，流れる電流を少なくするために表面に絶縁被膜を施した薄い板（**ケイ素鋼板**）にし，これらを積層した構造にする．図 2.8 に**積層構造**の例を示す．交番磁界による起電力は図の矢印の方向に生じ，電流もその方向に流れようとするが，上記の理由で電流が流れにくくなっている．

図 2.8 積層構造の鉄心の例および起電力の方向（矢印）

2.2 変圧器の特性

2.2.1 電圧変動率

変圧器の 2 次側の負荷が変動した場合，変圧器のコイルを流れる電流が変化する．その結果，変圧器コイルでの電圧降下が変化し，2 次側端子電圧が変化する．無負荷時および定格負荷時の 2 次側端子電圧をそれぞれ V_{20}，V_{2n} として，

$$\varepsilon=\frac{V_{20}-V_{2n}}{V_{2n}} \quad (\times 100\ [\%]) \tag{2.10}$$

を**電圧変動率**とよぶ．また，式 (2.10) は 2 次側端子電圧を巻数比 a を用いて 1 次側に変換し，

$$\varepsilon=\frac{V_{20}-V_{2n}}{V_{2n}}=\frac{aV_{20}-aV_{2n}}{aV_{2n}}=\frac{V_1-V_2'}{V_2'} \tag{2.11}$$

と表現することもできる．V_2' は 2 次側定格電圧 V_{2n} の 1 次側換算（変換）値である．変圧器を図 2.7 の等価回路で近似し，2 次側に誘導負荷を接続したときのベクトル図は図 2.9 のようになる（図中の $\dot{V}_2'$，$\dot{I}_2'$ は 1 次側換算値）．

この図より，

$$V_1=\sqrt{(V_2'+RI_2'\cos\theta+XI_2'\sin\theta)^2+(XI_2'\cos\theta-RI_2'\sin\theta)^2} \tag{2.12}$$

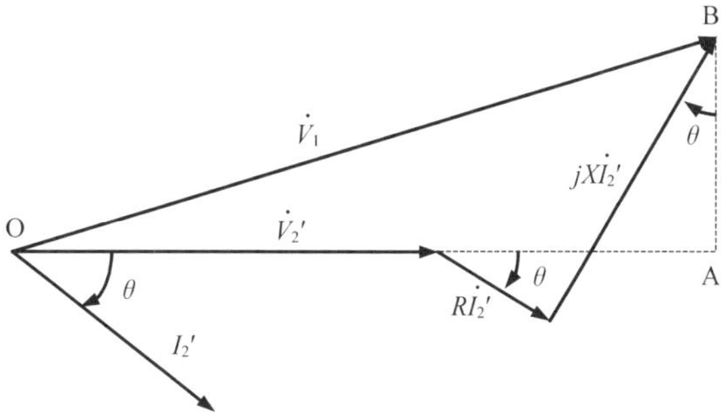

図 2.9 誘導負荷を接続したときのベクトル図

であるが，実際の変圧器では図2.9においてOA≫ABであるので，

$$V_1=\sqrt{(V_2'+RI_2'\cos\theta+XI_2'\sin\theta)^2}=V_2'+RI_2'\cos\theta+XI_2'\sin\theta \quad (2.13)$$

と考えてよい．さらに，

$$p=\frac{RI_2'}{V_2'},\quad q=\frac{XI_2'}{V_2'} \quad (2.14)$$

とおくと，

$$\varepsilon=\frac{V_1-V_2'}{V_2'}=\frac{V_1}{V_2'}-1=p\cos\theta+q\sin\theta \quad (2.15)$$

となる．式中の p と q は抵抗およびリアクタンスによる電圧降下と2次側定格電圧の比を表し，$p\times100$［%］をパーセント抵抗電圧降下*2（抵抗による電圧降下は2次側定格電圧の何％にあたるか），$q\times100$［%］をパーセントリアクタンス電圧降下とよぶ．また，p と q およびパーセントインピーダンス%Z の間には

$$\%Z=\sqrt{p^2+q^2}\times100 \quad (2.16)$$

の関係がある．

2.2.2　単位法（per-unit method）

電力系統のように複数の（多数の）変圧器が存在するシステムに対して電圧，電流，電力，インピーダンスを計算するとき，実際の値のかわりに「基準値に対する比」を用いることで計算が簡略化される場合がある．

たとえば，容量（皮相電力）P_n［VA］，定格1次電流 I_{1n}［A］の変圧器を考えると，定格1次電圧 V_{1n}［V］は

$$V_{1n}=P_n/I_{1n} \quad (2.17)$$

で求めることができる．ここで，この変圧器の基準電力 $P_{\mathrm{base}}=P_n$，1次側の基準電流 $I_{1\mathrm{base}}=I_{1n}$，基準電圧 $V_{1\mathrm{base}}=V_{1n}$ とおく．次に，巻数比 a を用いて2次側の基準電流 $I_{2\mathrm{base}}$ と基準電圧 $V_{2\mathrm{base}}$ を

$$I_{2\mathrm{base}}=aI_{1\mathrm{base}},\quad V_{2\mathrm{base}}=V_{1\mathrm{base}}/a \quad (2.18)$$

と定義（$P_{\mathrm{base}}=V_{1\mathrm{base}}I_{1\mathrm{base}}=V_{2\mathrm{base}}I_{2\mathrm{base}}$ となる）すると，1次側と2次側のインピーダンスの基準 $Z_{1\mathrm{base}}$，$Z_{2\mathrm{base}}$ はそれぞれ

$$Z_{1\mathrm{base}}=V_{1\mathrm{base}}/I_{1\mathrm{base}},\quad Z_{2\mathrm{base}}=V_{2\mathrm{base}}/I_{2\mathrm{base}} \quad (2.19)$$

を用いることができる．このことは，容量，電圧，電流，インピーダンスの4つの量のうちどれか2つを基準に選べば，それを用いて残りの2つの物理量の基準を決定できることを意味する．ただし，位相角は実際の値をそのまま用いる．

この「基準」を用いて，回路内のすべての量を単位法で表すことができる．たとえば，図2.5の2次側巻線のインピーダンス Z_2（$=r_2+jx_2$）を単位法で表すと（[単位法]=[実際の値]/[基準値]），

*2　百分率抵抗電圧降下，%抵抗電圧降下と表記される場合もある．

$$Z_{2pu}[\mathrm{pu}]^{*3}=Z_2/Z_{2base}=\frac{Z_2}{V_{2base}/I_{2base}}=\frac{Z_2 I_{2base}}{V_{2base}} \qquad (2.20)$$

となる．

この単位法で表された回路の動作は，通常の回路理論を適用することによって得られる．得られた結果は，［実際の結果］=［単位法での結果］×［基準値］で実際の値に変換できる．

この単位法には以下の長所がある．

① （電圧の場合）基準を定格電圧にとれば，通常の運転では変圧器の 1 次側でも 2 次側でも電圧の値は 1 pu 近傍になるので，異常値およびパラメータの誤りを発見しやすい．

② 基準を定めておけば，それ以降の計算で巻数比を考えなくてもよい．これは考慮しているシステムから理想変圧器を除外するのと同等であり，解析が簡略化される．

③ 単位法は「相対的な量」なので，容量の異なる変圧器の比較・評価が容易になる．

【例題 2.2】 25 kVA，2000/200 V（1 次側が 2000 V，2 次側が 200 V）の単相変圧器がある．この変圧器に対し開放試験および短絡試験を行ったところ，以下の結果を得た（1 次側換算値）．

励磁部のインピーダンス $\dot{Z}_m=5.0\times10^4+j5.0\times10^4$ [Ω]

コイルのインピーダンス $\dot{Z}_c=85+j330$ [Ω]

この変圧器をある負荷で運転したところ，1 次側を流れる電流は 10 A であった．このとき，

(1) 1 次側を基準として，単位法で表した等価回路を描け．

(2) 2 次側を基準として，単位法で表した等価回路を描け．

〈解答〉

(1) 1 次側電圧を基準電圧 $V_{1base}=2000$ [V] とすると基準電流 I_{1base} と基準インピーダンス Z_{1base} はそれぞれ

$$I_{1base}=\frac{25\ [\mathrm{kVA}]}{2000\ [\mathrm{V}]}=12.5\ [\mathrm{A}],\quad Z_{1base}=\frac{2000\ [\mathrm{V}]}{12.5\ [\mathrm{A}]}=160\ [\Omega]$$

これを用いると単位法で表した励磁部とコイルのインピーダンス $\dot{Z}_{m,pu}$，$\dot{Z}_{c,pu}$ はそれぞれ

$$\dot{Z}_{m,pu}=\frac{5.0\times10^4+j5.0\times10^4}{160}=312.5+j312.5\ [\mathrm{pu}]$$

＊3　単位法を用いると物理量は無次元になるが，単位法であることを明記するために pu（per unit）という単位を用いる場合が多い．

$$\dot{Z}_{c,\mathrm{pu}}=\frac{85+j330}{160}=0.531+j2.0625\ [\mathrm{pu}]$$

コイルを流れる電流を単位法で表現すると

$$I_{\mathrm{pu}}=\frac{10}{12.5}=0.8\ [\mathrm{pu}]$$

となる．

(2) 2次側電圧を基準電圧 $V_{2\mathrm{base}}=200$ [V] とすると，基準電流 $I_{2\mathrm{base}}$ と基準インピーダンス $Z_{2\mathrm{base}}$ はそれぞれ

$$I_{2\mathrm{base}}=\frac{25\ [\mathrm{kVA}]}{200\ [\mathrm{V}]}=125\ [\mathrm{A}],\quad Z_{2\mathrm{base}}=\frac{200\ [\mathrm{V}]}{125\ [\mathrm{A}]}=1.6\ [\Omega]$$

となる．インピーダンスと電流は，まず式 (2.4) より求めた巻数比 a を用いて2次側に変換して

$$\dot{Z}_{m,2}=\frac{\dot{Z}_m}{a^2}=\frac{5.0\times10^4+j5.0\times10^4}{(2000/200)^2}=500+j500\ [\Omega]$$

$$\dot{Z}_{c,2}=\frac{\dot{Z}_c}{a^2}=\frac{85+j330}{(2000/200)^2}=0.85+j3.3\ [\Omega]$$

$$I_2=aI=(2000/200)\times10=100\ [\mathrm{A}]$$

これらの値を用いると，

$$\dot{Z}_{m,\mathrm{pu}}=\frac{500+j500}{1.6}=312.5+j312.5\ [\mathrm{pu}],$$

$$\dot{Z}_{c,\mathrm{pu}}=\frac{0.85+j3.3}{1.6}=0.531+j2.0625\ [\mathrm{pu}],$$

$$I_{\mathrm{pu}}=\frac{100}{125}=0.8\ [\mathrm{pu}]$$

となり，(1) の結果と一致することがわかる．したがって単位法を用いた等価回路は1次側，2次側のどちらを基準にとっても図2.10のようになる．

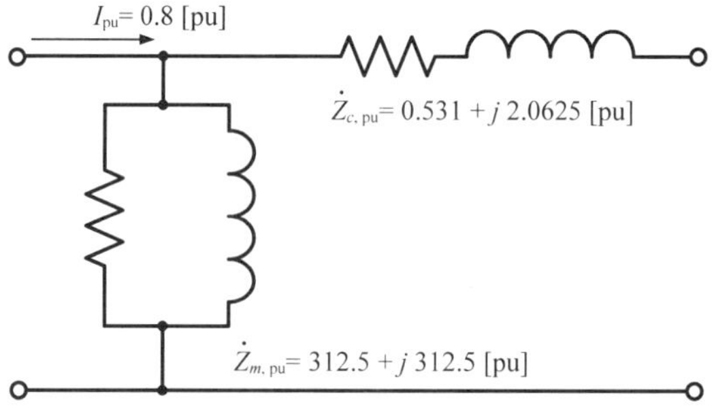

図 2.10　単位法で表した変圧器の等価回路

2.2.3　損 失 と 効 率

変圧器が動作しているとき，変圧器本体が鉄損（無負荷損）W_i と銅損（負荷損）W_c 分の電力を消費し，この合計が「損失」となる．したがって，

［変圧器の（2 次側）出力］＝［変圧器の（1 次側）入力］－［損失］

となり，変圧器の効率 η［%］（$0 \leqq \eta \leqq 100$）は入力に対する出力の割合であり，

$$\eta = \frac{\text{出力 [W]}}{\text{入力 [W]}} \times 100 = \frac{\text{出力 [W]}}{\text{出力 [W]} + \text{損失 [W]}} \times 100 = \frac{\text{入力 [W]} - \text{損失 [W]}}{\text{入力 [W]}} \times 100 \tag{2.21}$$

で計算される．また，変圧器の効率には**規約効率**，**実測効率**，**全日効率**があり，それぞれ以下のように定められている．

規約効率…一定の規約によって計算した損失をもとに計算する．

実測効率…入力と出力の測定値から計算する．

全日効率…［1 日の出力電力量］/［1 日の入力電力量］×100 で計算する．

変圧器を一定の 1 次電圧で動作させるのならば，2 次側に接続した負荷にかかわらず鉄損は一定である．しかし，銅損は図 2.7 の巻線抵抗 R での消費電力であるので，［**負荷電流（＝変圧器巻線を流れる電流）**］^{2} に比例する．したがって銅損は，負荷の状態（および出力）によって変化する．そのため，式（2.21）の損失は「想定している出力において存在するであろう損失」となる．

1 次側に換算した 2 次側端子電圧 V_2' と負荷電流 I_2'，負荷力率 $\cos\theta$（実際の計算では特に指定がない場合 $\cos\theta = 1$ とする）を用いて式（2.21）を書き直すと，

$$\eta\ [\%] = \frac{1}{1 + (\text{損失}/\text{出力})} \times 100 = \frac{1}{1 + (W_i + W_c)/(V_2' I_2' \cos\theta)} \times 100 = \frac{1}{1 + (W_i + I_2'^2 R)/(V_2' I_2' \cos\theta)} \times 100 \tag{2.22}$$

この式の分母第 2 項に着目すると，

$$\frac{W_i + I_2'^2 R}{V_2' I_2' \cos\theta} = \frac{1}{V_2' \cos\theta}\left(\frac{W_i}{I_2'} + I_2' R\right) = \frac{1}{V_2' \cos\theta}\left\{\left(\sqrt{\frac{W_i}{I_2'}} - \sqrt{I_2' R}\right)^2 + 2\sqrt{W_i R}\right\} \tag{2.23}$$

となり，

$$\sqrt{\frac{W_i}{I_2'}} = \sqrt{I_2' R} \qquad \therefore\quad W_i = I_2'^2 R = W_c \tag{2.24}$$

のときに式（2.23）が最小となり，2 次側端子電圧が変化しないものとすれば，銅損が鉄損と等しいときに変圧器の効率が最大となることがわかる．

【例題 2.3】　10 kVA の変圧器がある．無誘導全負荷のとき，銅損が 200 W，鉄損が 80 W である．全負荷の 1/2 の無誘導負荷における効率 $\eta_{1/2}$ を求めよ．

〈解答〉 ●無誘導全負荷…力率1のとき，この変圧器からは10 kWの出力を得られる．

●全負荷の1/2の負荷…出力は1/2（5 kW）になった*4．

→2次側端子電圧は変化しないので，電流が1/2になる．

→銅損は負荷電流に比例するので全負荷時の1/4になる．

鉄損は負荷が変化しても変動しない．

$$\eta_{1/2}=\frac{10000/2}{(10000/2)+(120/4)+80}\times 100=97.85\ [\%]$$

2.3 変圧器の結線法および並行運転

2.3.1 極　　性

2.2.1項で述べたように，変圧器のコイルに磁化電流が流れることで発生する磁束が1次側および2次側コイルを貫くことにより，1次側には$\dot{E}_1$，2次側には$\dot{E}_2$の起電力が発生する．そして$\dot{E}_2$の方向（位相）は，変圧器製作時のコイルの巻き方により$\dot{E}_1$と同じ（同相…**加極性**）または逆（逆相…**減極性**）にすることができる（通常は安全性を考慮して減極性に作られる）．この「極性」を回路図に記入する場合は図2.11のように「●」を用いた記載法をよく用いる．2台以上の変圧器を組み合わせて使用する場合，短絡事故などを防ぐために極性に注意する必要がある．

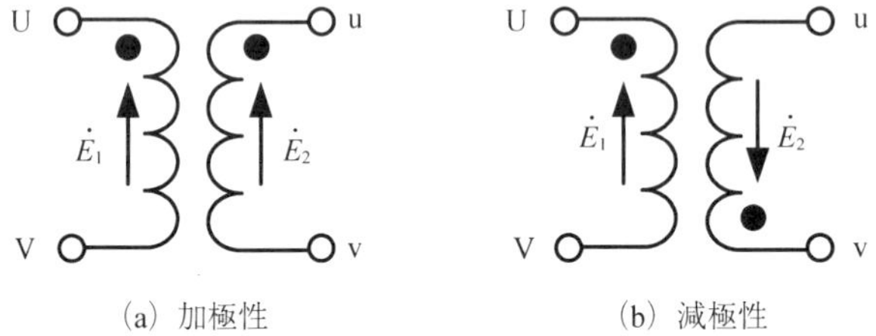

図 2.11　変圧器の極性

この極性を調べるための試験（**極性試験**）は次のように行う．

① 試験をする変圧器と電圧計を図2.12のように結線する．端子の記号（U，Vなど）は変圧器筐体に記されている．

② 1次側（高圧側）に交流の低電圧V_1を印加し，V_0を測定する．$V_0>V_1$ならば加極性（$V_0=V_1+V_2$），$V_0<V_1$ならば減極性（$V_0=V_1-V_2$）である．

2.3.2 三　相　結　線

a. 等価回路の考え方　ここでは，通常の送配電に用いられる対称三相交流を想定する．三相の電力を扱う場合，発電機および負荷の結線方法にはY結線

＊4　負荷抵抗の値［Ω］が1/2になったわけではない．

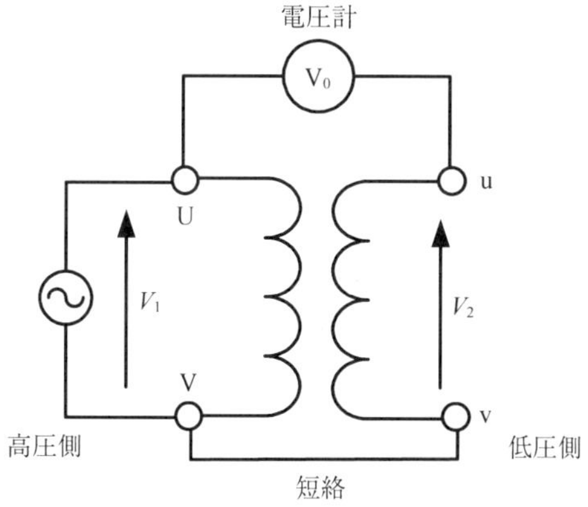

図 2.12　変圧器の極性試験

と Δ 結線がある．三相交流の電圧を変換する変圧器の場合，コイルの結線方法により，たとえば 1 次側の巻線を Y 結線，2 次側を Δ 結線にしたものは Y-Δ 結線とよばれる．対称三相交流に対称な三相負荷を接続した場合，各相の電圧と各線路を流れる電流は等しい．このことから，三相結線の等価回路は次のように考えればよい．

① 電源に変圧器を接続した場合，電源からみれば変圧器も「負荷」である．

② Δ 結線の負荷と Y 結線の負荷が等価な場合，図 2.13 の関係がある．

③ Δ 結線はそれと等価な Y 結線に変換する．それにより，与えられた結線と等価な「Y-Y 結線の変圧器」が得られる．

④ ③で得られた Y-Y 結線の変圧器の中性点を基準とした一相に着目し，等価回路を作成・解析する．変圧器の全体の容量は，一相あたりの容量が得られるのでそれを 3 倍する．

【例題 2.4】　Δ-Y 結線の一相あたりの等価回路を図 2.7 の形式で示せ．

〈解答〉　1 次側の線間電圧（端子間電圧），線電流（端子を経由して線路を流れる電流）を V_1，I_1 とする．2 次側の線間電圧と線電流を V_2，I_2 とする．また，

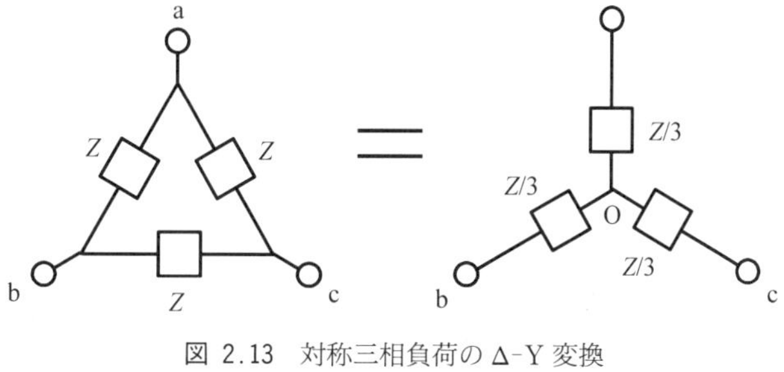

図 2.13　対称三相負荷の Δ-Y 変換

この変圧器に対して行った無負荷試験と短絡試験（2次側の出力端子と中性点を短絡する）の結果より，1次側から見た一相あたりの励磁部インピーダンスをZ_m，コイルの抵抗をR，コイルのリアクタンスをXとする．

● 図2.14より，1次側のΔ結線をY結線に変換したとき，相電圧（中性点と端子間の電圧．コイル（巻線）両端の電圧であるので「巻線電圧」ともいう）は$V_1/\sqrt{3}$となる．また，1次側の線電流I_1が変圧器1次側巻線を流れるときは，Δの一相あたり$I_1/\sqrt{3}$になる．

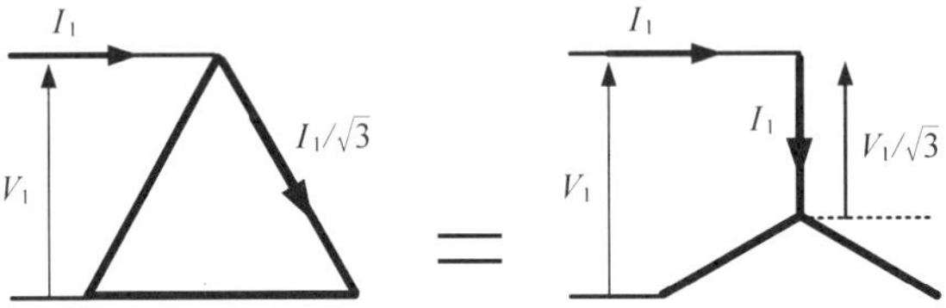

図 2.14　Δ結線時の端子間電圧，線電流と各相を流れる電流およびそれと等価なY結線

● 2次側（Y結線）では線間電圧がV_2であるので，相電圧は$V_2/\sqrt{3}$となる．
● この変圧器の巻数比を2.1節での定義と同様に$a=N_1/N_2$とする．ここでN_1は1次側の（Δ結線）一相のコイル巻数，N_2は2次側の（Y結線）一相のコイル巻数である．
● 巻数比aを用いて変圧器の2次側相電圧を1次側に換算したものが，1次側線間電圧に対応する（$V_1=aV_2/\sqrt{3}$）．
● 変圧器の負荷損と無負荷損は，電源からみると（1次側がΔ結線なので）Δ結線負荷になる．これを図2.13のようにY結線に変換すると，一相あたりの等価回路は図2.15のようになる．図中のインピーダンスおよび電圧は1次側に換算した値である．

b. 単相変圧器による三相結線　単相変圧器3台を用いて三相結線を行うことができる．結線においては図2.16に示すように，各単相変圧器の極性に注意する必要がある．図2.16において端子Oは中性点となり，200 V/100 Vの単

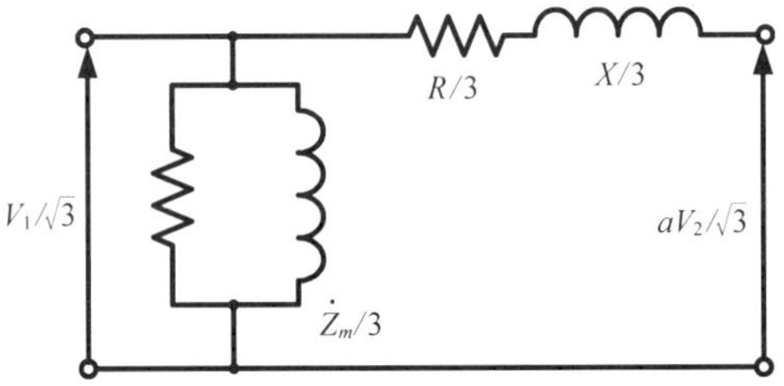

図 2.15　Δ-Y結線の変圧器の一相あたりの等価回路

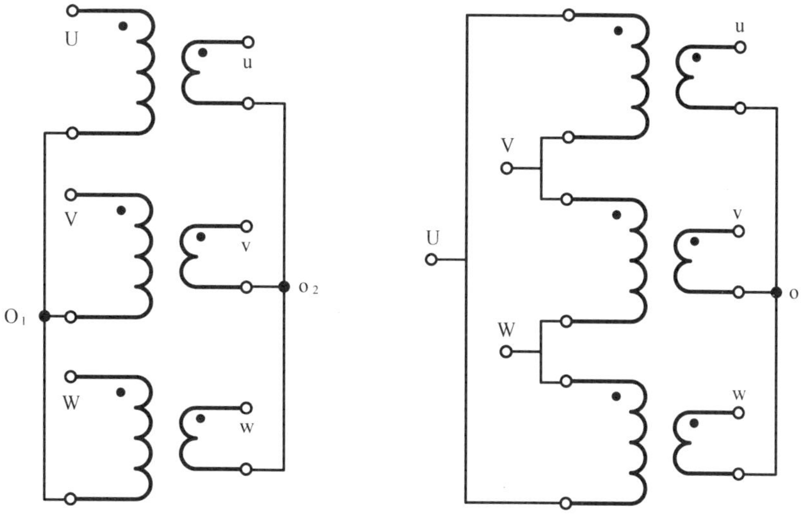

(a) Y-Y 結線　　(b) Δ-Y 結線

図 2.16　3 台の単相変圧器による三相結線の例

相変圧器を想定した場合，(a) の UV 間に 200 V 印加すると UO_1 間の電圧は 115 V $(=200/\sqrt{3})$ となり，巻数比が 2 なので uo_2 間には 57.7 V $(=200/\sqrt{3}\div 2)$ が現れる．

このように，複数の変圧器を組み合わせて構成されたものをバンク（または単に装置）とよぶ．

c. V 結線　3 台の単相変圧器で Δ-Δ 結線を行った際に一相が故障した場合，その一相を取りはずして運転をすることができる．この状態を V 結線（V-V 結線）とよぶ．図 2.17 のように変圧器 2 台 $(\dot{V}_1,\ \dot{V}_2)$ で V 結線にした場合，

$$\dot{V}_1 = V\exp(j\omega t),\quad \dot{V}_2 = V\exp\left\{j\left(\omega t - \frac{2}{3}\pi\right)\right\} \tag{2.24}$$

とすると，線間電圧 $\dot{V}_3$ はキルヒホッフの法則 $(\dot{V}_1+\dot{V}_2+\dot{V}_3=0)$ より

$$\dot{V}_3 = V\exp\left\{j\left(\omega t - \frac{4}{3}\pi\right)\right\} \tag{2.25}$$

を導くことができて，実効値が等しく，位相がそれぞれ $2\pi/3$ ずつずれた対称三相交流になることがわかる．

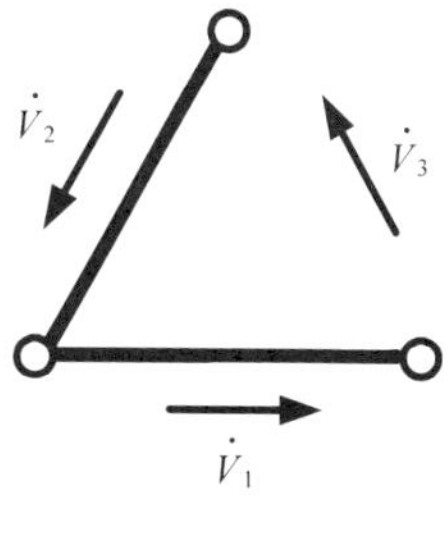

図 2.17　2 台の単相変圧器による V 結線

一方，電流は対称三相負荷を接続した場合の線電流 I_L とそのときの相電流（変圧器のコイルを流れる電流）I_P の関係は，Δ 結線の場合は図 2.14 より $I_L=\sqrt{3}I_P$ であるが，V 結線の場合は $I_L=I_P$ となり，外部に取り出せる電流 (I_L) が Δ 結線の $1/\sqrt{3}$ になる．このことは，V 結線で取り出

せる電力は（電圧は Δ 結線の場合と同じなので）Δ 結線の $1/\sqrt{3}$ になることを意味する．

つまり，一相あたりの変圧器容量を P とすると，Δ 結線のバンク容量は $3P$ である．しかし V 結線の場合，単相変圧器が 2 台あるので容量は $2P$ となるはずであるが，上記の理由により実際の容量は $3P/\sqrt{3}=\sqrt{3}P$ になる．これは本来の容量（$2P$）に対して 86% しかバンクが利用できていないことを意味する（**バンク利用率**が 86% である）．

2.3.3 変圧器の並列運転

負荷に対して変圧器の容量が足りない場合，変圧器を並列にして全体の容量を増やすことができる．その場合，同じ大きさ・位相の電圧波形を重ねなければならないので，以下のことに留意する必要がある．

① 巻数比が等しいこと
② 極性が同じであること
③ 位相が同じであること
④ パーセントインピーダンスが等しいこと

①巻数比については，たとえば図 2.18 のように，異なる巻数比の 2 つの単相変圧器 T_1 と T_2 を極性をそろえて並列に接続したとする．本来ならば，接続する端子間（T_1 と T_2 の 2 次側の u 端子どうし，v 端子どうし）の電位差は 0 V でなければならないが，図 2.18 の場合は巻数比が異なるため，2 つの変圧器の v

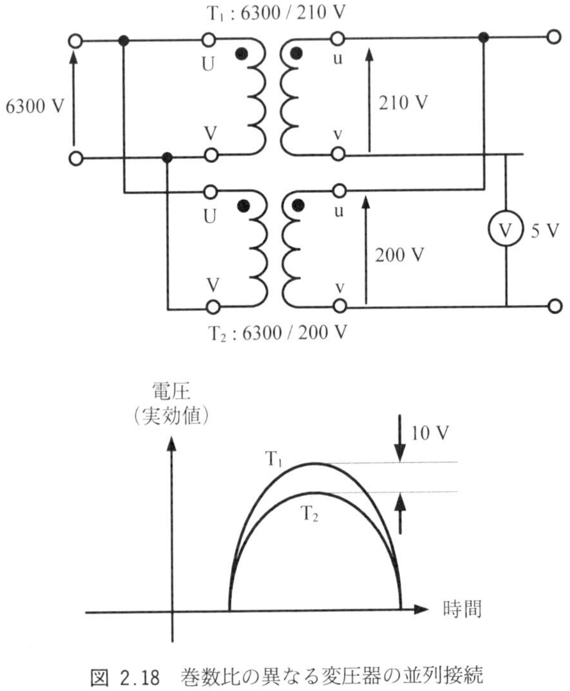

図 2.18 巻数比の異なる変圧器の並列接続

端子間に電位差（10 V）が生じる．その結果，T_2 の 2 次側から T_1 の 2 次側巻線に電流（本来 2 次側に接続された負荷に流れるべき電流）が流れてしまい（**無効循環電流，無効横流**），負荷に電力を供給できなくなる．

②極性については，巻数比は同じであるが極性が異なる変圧器を 2 台，図 2.19 のように結線してしまうと T_1 と T_2 の v 端子間の電位差が 420 V になり，この 2 つの v 端子を接続して運転すると短絡事故が起きる．

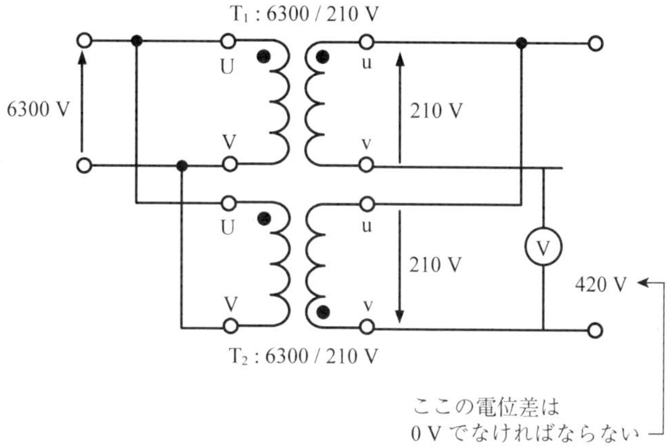

図 2.19 極性の異なる変圧器の並列接続

③三相変圧器を並列接続する場合は，三相すべての電圧位相が一致する（電圧波形が重なる）ように結線しなければならない．また，Y-Y 結線の変圧器は 1 次側電圧と 2 次側電圧が同相であるが，Y-Δ 結線の場合 2 次側電圧の位相は 1 次側電圧より $\pi/6$ rad 遅れるため，Y-Δ 結線と Y-Y 結線の変圧器を並列接続することはできない．

④変圧器の運転中に 2 次側に接続した負荷が変化し，2 次側電流が変動する場合がある．このとき，コイルの漏れインピーダンスによる電圧降下も変動する．並列接続した変圧器の電圧降下が変圧器ごとに異なると，各変圧器の 2 次側電圧がばらつくことになり，①で述べたような無効循環電流が発生する．2 台の変圧器 T_1，T_2 を並列接続したときの等価回路は，図 2.20 のようになる．漏れインピーダンス $\dot{Z}_1$，$\dot{Z}_2$ も並列接続になるので，ここでの電圧降下は

$$\dot{I}_{T1}\dot{Z}_1 = \dot{I}_{T2}\dot{Z}_2 \tag{2.26}$$

となる．

変圧器を有効に利用するには，並列接続する 2 台の変圧器の容量が異なる場合，容量に応じて負荷（電流）を分散させる．たとえば，巻数比と定格電圧が等しい 100 kVA の変圧器 T_1 と 50 kVA の変圧器 T_2 を並列接続する場合，

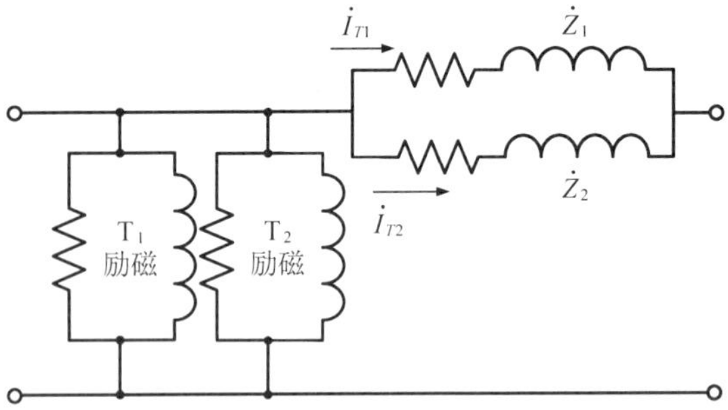

図 2.20　並列接続した変圧器の等価回路

$$[\mathrm{T}_1\text{が分担する電力}]:[\mathrm{T}_2\text{が分担する電力}]=[\mathrm{T}_1\text{の容量}]:[\mathrm{T}_2\text{の容量}]$$
$$=100:50=2:1 \tag{2.27}$$

となっていれば，全体の容量が 150 kVA になる．この条件は，各変圧器の単位容量あたりの負荷が等しくなっている場合に成立する．いま式（2.27）が成立し，並列接続した 2 次側に 150 kVA の負荷が接続されていると，それぞれの変圧器は定格で運転していることになり，図 2.20 の $\dot{I}_{T1}$，$\dot{I}_{T2}$ はそれぞれ定格 2 次電流になる．定格 2 次電圧を $\dot{V}_2$ とすると，式（2.26）より，

$$\frac{I_{T1}Z_1}{V_2}=\frac{I_{T2}Z_2}{V_2} \tag{2.28}$$

が成立している．すなわち，T_1 と T_2 のパーセントインピーダンスが等しいとき，バンク容量が個々の変圧器容量の合計値となり，変圧器を有効に利用できることになる．

次に，各変圧器でパーセントインピーダンスが異なる場合について考える．まず，2 次側の電圧はどちらの変圧器も同じ値（V_2）であるので，分担電流の比が負荷の分担状態を表していることになる．式（2.26）より，

$$\dot{I}_{T1}:\dot{I}_{T2}=\frac{1}{\dot{Z}_1}:\frac{1}{\dot{Z}_2} \tag{2.29}$$

となり，各変圧器の分担電流（負荷分担）は漏れインピーダンスに反比例することがわかる．

次に，単位容量あたりのパーセントインピーダンス$\%Z_n$ を考える．たとえば変圧器 T_1 では 2 次側定格電流 I_{nT1} を用いて，

$$\%Z_{n1}=\frac{I_{nT1}Z_1}{V_2}\Big/ I_{nT1}V_2=\frac{Z_1}{V_2{}^2} \tag{2.30}$$

と表現することができる．分母の V_2 は並列接続している変圧器では共通なので，$\%Z_n$ の比が漏れインピーダンスの比に等しくなる．したがって，各変圧器の単位容量あたりのパーセントインピーダンスを用いることで，負荷の分担状態を知ることができる．

【例題2.5】 容量50 kVA，パーセントインピーダンス$\%Z_1=2.5$ [%] の変圧器T_1と，容量100 kVA，パーセントインピーダンス$\%Z_2=4$ [%] の変圧器T_2を並列接続して，2次側にP [kW] の負荷を接続した場合のT_1，T_2の負荷分担を求めよ．

〈解答〉 各変圧器の1 kVAあたりのパーセントインピーダンスを求める．

$T_1\cdots\%Z_{n1}=2.5$ [%]/50＝0.05 [%]，　$T_2\cdots\%Z_{n2}=4$ [%]/100＝0.04 [%]

負荷の分担状態は

$$T_1\cdots P\times\frac{0.04}{0.05+0.04}=\frac{4}{9}P,\quad T_2\cdots P\times\frac{0.05}{0.05+0.04}=\frac{5}{9}P$$

すなわち，$T_1:T_2=4:5$となり（1：2ではなく），単位容量あたりのパーセントインピーダンスが小さい変圧器に大きな負荷がかかることになる．その結果，最大負荷が制限され，接続できる負荷はこの例題では150 kWより小さくなる．

2.4 各種の変圧器

2.4.1 三相変圧器

三相交流の電圧を変換する場合は単相変圧器を3台用いればよいが，通常はコストなどの観点から，専用の変圧器を用いることが多い．図2.21は小型（横幅20 cm程度）の三相変圧器である．

2.4.2 単巻変圧器

ここまで論じた変圧器は1次側コイルと2次側コイルをもつ「二巻線変圧器」であるが，図2.22のように単一のコイルの中間にタップ（図中b）を設けた変圧器を単巻変圧器という．これは二巻線変圧器の共通にできる部分をひとつにまとめたものと考えてよい．図2.22では1次側の端子Vと2次側の端子vが共通であり，タップbと共通端子間の巻線（bcの部分）を分路巻線とよぶ．変圧器の1次側と2次側の電圧および電流をE_1，E_2，I_1，I_2とすると，損失を無視す

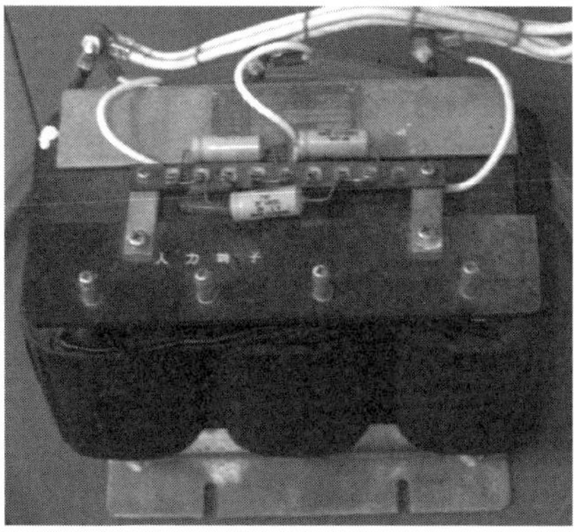

図 2.21 小型三相変圧器（容量625 VA）

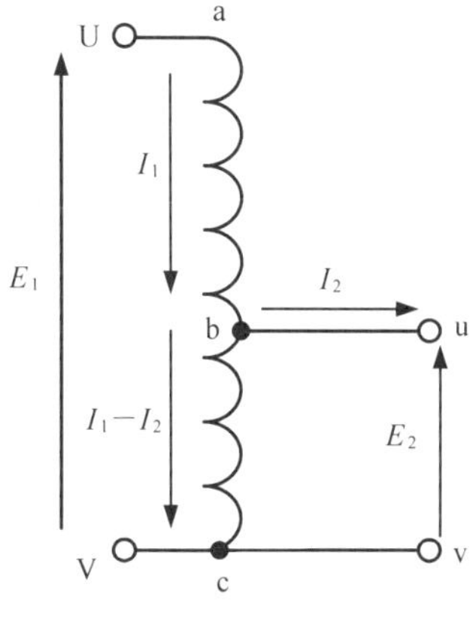

図 2.22 単巻変圧器

れば変圧器の 1 次側容量と 2 次側容量は等しいので，

$$E_1I_1 = E_2I_2 \tag{2.31}$$

が成立している．この積を**通過容量**もしくは**線路容量**とよぶ．また，$(E_1-E_2)I_1$ で計算される容量を**自己容量**とよび，$E_2(I_1-I_2)$ で計算される容量を**分路容量**とよぶ．自己容量と分路容量の値は等しい．

この変圧器は図 2.23 の変圧器のように，巻線上のタップ b の位置を移動させることで 2 次側電圧を変化させることができるものもある．また，図 2.22 は単相の単巻変圧器だが，三相のものも存在する．単巻変圧器はインピーダンスが小さいので電圧変動率が小さいが，短絡電流が大きい．また，巻線が共通なので安価に制作できる（必要な材料が少なくてすむ）が，一方に現れたサージ*5 が他方に直接入るので，その対策が必要である．

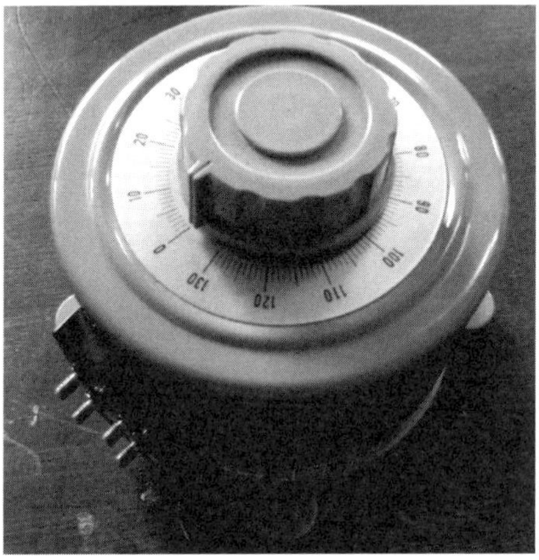

図 2.23　市販されている単相単巻変圧器

2.4.3　三巻線変圧器

変圧器の三相結線において，Y-Y 結線は，中性点を接地することで保護が容易であり，相電圧が線間電圧の $1/\sqrt{3}$ ですむため絶縁が容易である．また，1 次側電圧と 2 次側電圧間の位相差がないなどの利点がある．しかし，この結線は**高調波***6 による障害が大きく，一般には使用されない．この高調波は Δ 結線の変圧器を採用することで消すことができる．そこで大容量の電力用三相変圧器には，Y-Y 結線の利点を生かしつつ高調波の影響の抑制を目的として，図 2.24 のように Δ 結線の三次巻線を設けた**三巻線変圧器**が用いられる場合がある．図中の Δ 巻線に接続されたキャパシタは調相設備である．

＊5　スイッチの開閉などの過渡現象による，線路に発生する異常電圧・電流．

＊6　励磁における鉄心の磁化特性などに起因し，電流や電圧波形を正弦波から歪ませる．これが送電線に流出すると雑音などの原因となる．

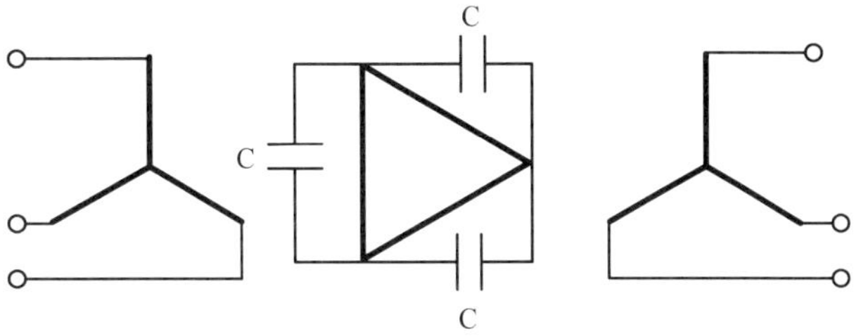

図 2.24 三巻線変圧器

文 献

1) 宮入"大学講義 最新電気機器学 改訂増補版", 丸善 (1979).
2) 家村, 井手"電験二種完全マスター 機械 改訂2版", オーム社 (2004).
3) 落合"電験3種合格テキスト〈4〉機械 (1)", 学献社 (2000).
4) 家村・小林・大谷・平田"絵とき 電験三種完全マスター 機械", オーム社 (1997).
5) 野口"絵とき 電気機器マスターブック 改訂3版", オーム社 (2000).

演 習 問 題

2.1 1次巻数が1800, 2次巻数が60の単相理想変圧器がある. 1次側の電圧と電流がそれぞれ6000 V, 3 Aであるとき, 2次側の電圧と電流を求めよ.

2.2 理想単相変圧器の2次側端子間に5 Ωの抵抗を接続して, 1次側に10 Aの電流を流したところ, 2次側の抵抗で消費された電力は50 kWであった. 1次側の電圧 V_1 と2次側の電圧 V_2 を求めよ.

2.3 定格1次電圧400 V, 定格1次電流が260 A, 定格力率0.8（これらの値は1次側（つまり入力側）で測定した値である）の単相変圧器がある. 定格1次電圧における無負荷試験の1次電流は8 Aで, 力率は0.2である. また, 定格1次電流における短絡試験時の1次電圧は15 Vで, 力率は0.4であった. 以下の設問に答えよ.

(1) この変圧器の無負荷損を求めよ.
(2) 定格1次電流における負荷損を求めよ.
(3) この変圧器の定格負荷状態における効率を求めよ.

2.4 全負荷時の銅損と鉄損が, それぞれ W_c, W_i の変圧器がある. この変圧器は85% 負荷で効率が最大になるとして, 以下の設問に答えよ.

(1) 全負荷時の銅損と鉄損の比率（W_c/W_i）を求めよ.
(2) 1/2負荷時の銅損と鉄損の比率を求めよ.

2.5 鉄損が50 W, 全負荷時の銅損が120 Wの単相変圧器がある. この変圧器を, 1日のうち10時間を全負荷で使用し, 14時間を50% 負荷で使用している. 以下の設問に答えよ.

(1) 1日の鉄損電力量 [Wh] を求めよ.
(2) 1日の銅損電力量 [Wh] を求めよ.
(3) 1日の電力損失量 [Wh] を求めよ.

2.6 容量1000 kVA, 20 kV/6.6 kV（1次側電圧が20 kV, 2次側が6.6 kV）の単相変圧器に対し, 2次側を短絡して1次側に定格電流を流して短絡試験を行ったとき, インピーダンス電圧およびインピーダンスワットはそれぞれ1.2 kVおよび7.2 kWであった. 以下の設問に答えよ.

(1) この変圧器のパーセントインピーダンス%Zを求めよ．

(2) この変圧器のパーセント抵抗電圧降下 p とパーセントリアクタンス電圧降下 q を求めよ．

ヒント：

p=[変圧器の巻線抵抗による電圧降下]/[2次側定格電圧]←1次換算値

これの分母と分子に定格1次電流をかけると

p=[巻線抵抗による定格時電力損失（つまり，定格時の負荷損）]/[変圧器容量]

(3) この変圧器の遅れ力率80%における電圧変動率 ε を求めよ．

2.7 力率100%における電圧変動率が1.2%の単相変圧器がある．この変圧器の全抵抗と全リアクタンスの比は1：7であるとして，力率80%における電圧変動率を求めよ．

2.8 6300/210［V］，20 kVAの単相変圧器の1次抵抗とリアクタンスがそれぞれ1.52 Ωと21.6 Ω，2次抵抗とリアクタンスがそれぞれ0.019 Ωと0.028 Ωであるとき，以下の設問に答えよ．

(1) 1次側に換算した変圧器の抵抗 R とリアクタンス X を求めよ．1次側に換算した変圧器の抵抗は，[1次抵抗]+[1次側に換算した2次抵抗］で計算できる．

(2) 1次側に換算した等価インピーダンス Z を求めよ．

(3) インピーダンス電圧［V］を求めよ．

(4) パーセントインピーダンスを求めよ．

(5) 1次側に定格電圧 V_{1n} を印加して2次側を短絡したとき，1次側に流れる電流を I_{1s} とする．V_{1n} と I_{1s} と Z の間の関係式を求めよ．

(6) I_{1s} は定格1次電流の何倍か．

(7) 2次側に力率80%の定格負荷が接続されているとする．パーセント抵抗電圧降下 p，パーセントリアクタンス降下 q，負荷端における電圧変動率 ε を求めよ．

2.9 容量50 kVA，パーセントインピーダンスが3%の変圧器 T_1 と容量100 kVA，%インピーダンス5%の変圧器 T_2 を，極性をそろえて並列に接続した．以下の設問に答えよ．

(1) このバンク（並列システム）に外部負荷を接続したとき，T_1 と T_2 が分担する負荷の割合を求めよ．

(2) このバンクの合成容量を求めよ．

2.10 単相変圧器2台（容量30 kVAと20 kVA）を図2.25のように結線して，平衡三相負荷に接続した．安定して連続してかけうる力率80%の平衡三相負荷［kW］の最大値を求めよ．

注)「平衡三相負荷」という場合（負荷の大きさを求めるようなとき），特に断りがなければ接続されている（図2.25の）負荷「全体」をさす．

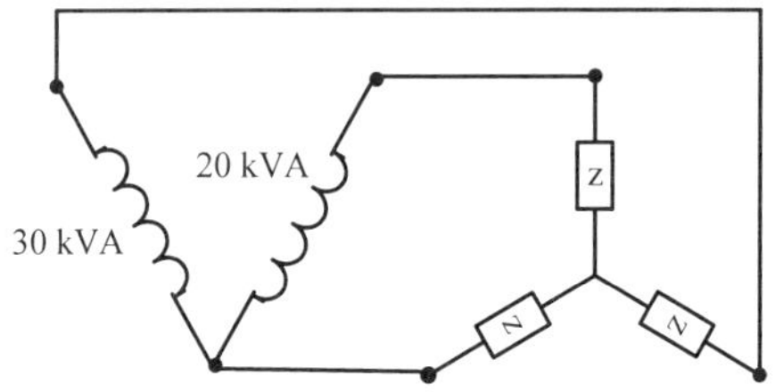

図 2.25

第3章　誘　導　機

3.1　誘導電動機の原理と構造

変圧器は，独立した2つの巻線を鉄心に巻き，一方の巻線から電磁誘導作用により他方の巻線にエネルギーを伝達する機械であるが，誘導電動機も原理的には変圧器と同じ電磁誘導作用を利用し，固定子巻線と回転子巻線の間でエネルギーの授受を行う機械である．誘導電動機は，電動機の中で最も多く使用されており，小容量から大容量までその用途は非常に広い．

本章では，この誘導電動機の原理，構造，等価回路，特性，速度制御法について述べる．

回転機には誘導電動機のほかに，同期機や直流機もある．これらの回転機は，電気エネルギーと機械エネルギーの授受を行うために固定部分と回転部分からなり，固定部分を固定子（stator），回転部分を回転子（rotor）とよぶ．

3.1.1　誘導電動機の原理

図3.1(a) に示すように，鳥かごの構造をした回転子の周囲に磁石を設け，回転できるようにする．回転子は，銅やアルミニウムの導体で作られたバー（bar）を端絡環（end ring）とよばれる導体で短絡された構造になっている．いま磁石を反時計の方向に一定速度 n_0［rps］で回転すれば，回転子は同じ方向に n_0 よりも低い速度 n_2［rps］で回転する．なお，常に $n_2 < n_0$ の関係が保たれて

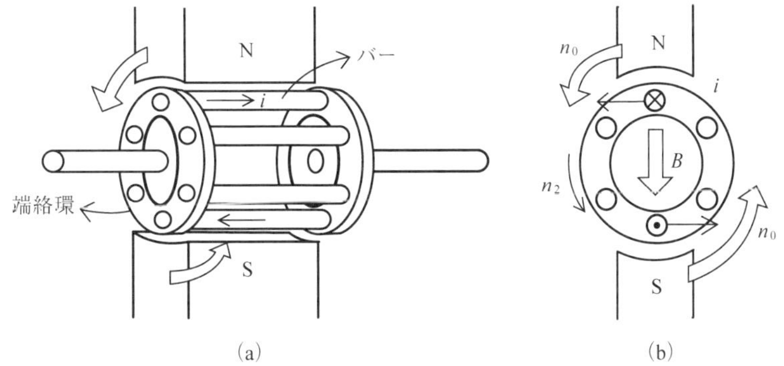

図 3.1　誘導電動機の原理

いる．

回転子が回転する現象は，次のように説明できる．図3.1(b) で磁界が反時計方向に動いているが，相対的には固定子の磁界が静止し，回転子導体が時計方向に動くのと同一の結果になる．したがって，**フレミングの右手の法則**（vBl 則）により，図3.1(b) に示すような起電力が各導体に誘導されて電流が流れる．この誘導電流と固定子の磁界との間に，**フレミングの左手の法則**（iBl 則）により反時計方向の電磁力が生じる．図3.1の磁石の回転を電気的に回転する磁界にすることにより，誘導電動機（induction motor）が作られる．

回転子の導体が，磁界が回転する速度 n_0 と回転子が回転する速度 n_2 の差，すなわち n_0-n_2 の相対速度で磁界中を動くために，起電力 e が生じる．

$$e=vBl \tag{3.1}$$

lv は一定であるから，e の波形は B の空間分布波形と一致する．B が正弦波分布ならば，e も正弦波交流になる．図3.1において，回転子に外力を加えて止めているときの回転子導体1本の起電力が E_2［V］，周波数が f［Hz］であれば，回転子が n_2［rps］回転しているときの起電力 E_{2s}，周波数 f_{2s} はどうなるだろうか．回転子導体の起電力の大きさと周波数は，回転子の回転する磁界に対する相対速度に比例する．したがって，下記のようになる．

$$E_{2s}=E_2\cdot\frac{n_0-n_2}{n_0}=sE_2 \tag{3.2}$$

$$f_{2s}=f_2\cdot\frac{n_0-n_2}{n_0}=sf_2 \tag{3.3}$$

$$\text{ただし，}\ s=\frac{n_0-n_2}{n_0} \tag{3.4}$$

式（3.4）の s を**すべり**（slip）という．すべりは回転子の回転磁界に対する相対速度 n_0-n_2 の回転磁界の速度（**同期速度**）n_0 に対する比である．回転子が静止しているときはすべり $s=1$，同期速度で回転しているときは $s=0$ である．一般に $s=0.02$～0.05 程度で運転しており，これをすべり2～5% とよぶことも多い．

rps とは，1秒間の回転数を表す単位であり，**r**evalutions **p**er **s**econd を意味する．1分間の回転数は，rpm（m：minute）で表される．

3.1.2 回転磁界と交番磁界

図3.2(a) に示すように，永久磁石 NS が一定角速度 ω で回転している場合の空間の磁束分布について考える．図3.2(a) の回転運動は，図3.2(b) の直線運動で表しても等価である．永久磁石は一定の速度で移動しているが，この磁界は静止点から一定の速度で進行していることになり，この磁界は**回転磁界**（**進行磁界**）とよばれる．いま空間の磁束分布を正弦波とすれば，時刻 t におけるある位置 θ の磁束密度 $B(\theta,t)$ は，次式で表される．

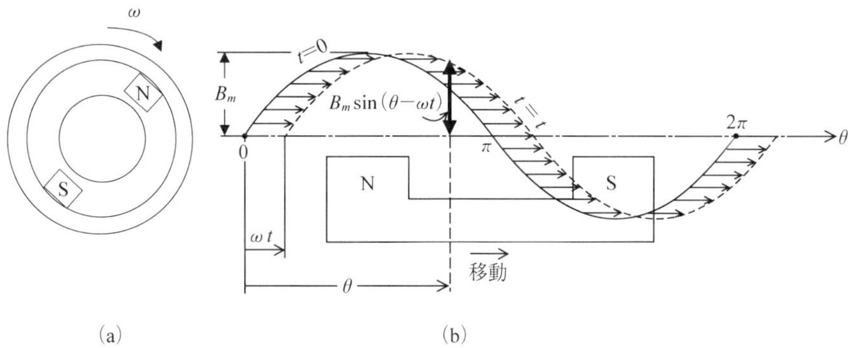

図 3.2　回転磁界（進行磁界）

$$B(\theta, t)=B_m \sin(\theta-\omega t) \tag{3.5}$$

これに対して図3.3に示すように，固定された鉄心に交流電流を流した場合の磁界分布は次式で表され，**交番磁界**とよばれる．

$$B(\theta, t)=B_m \cos \omega t \cdot \sin \theta \tag{3.6}$$

上式は，下記のように変形できる．

$$B(\theta, t)=\frac{1}{2}B_m \sin(\theta-\omega t)+\frac{1}{2}B_m \sin(\theta+\omega t) \tag{3.7}$$

上式の第1項と第2項は，それぞれ回転方向の異なる大きさが1/2の回転磁界であることを表している．これを**2回転磁界理論**という．

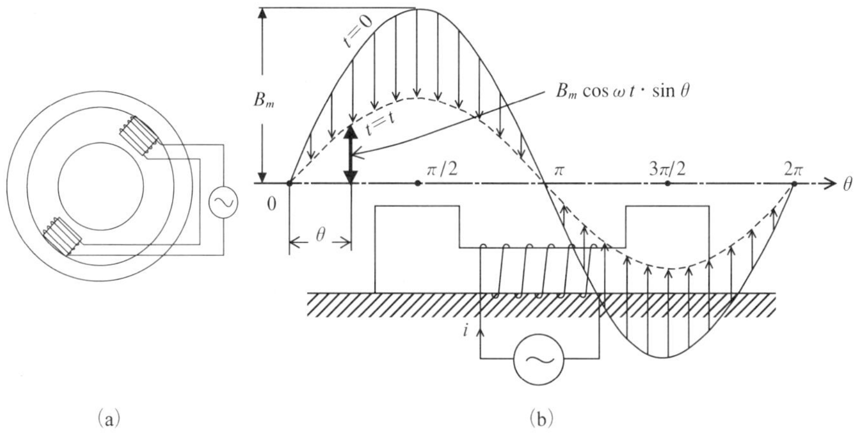

図 3.3　交番磁界（移動磁界）

次に，より実際に近い構造の回転機の固定子と回転子の間の空間（ギャップとよばれる）の磁束密度分布と起磁力分布について考える．図3.4に示すように，固定子に巻かれた巻線（コイル，巻数N）に電流iを流した場合，起磁力$F=Ni$が供給され，これにより磁束が生じ回転子，固定子から構成される磁気回路を通る．この磁気回路の磁気抵抗Rは，鉄心の透磁率を無限大と仮定すれば，

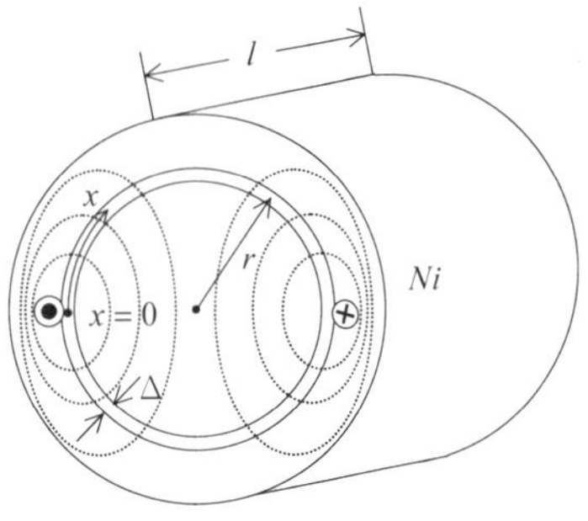

図 3.4　ギャップの磁束密度分布

ギャップの空気の部分のみが磁気抵抗を構成することになる．したがって次式が成り立つ．

$$R=\frac{1}{\mu_0}\cdot\frac{2\Delta}{\pi rl} \tag{3.8}$$

ここで，空気の透磁率を μ_0，ギャップ長を Δ，回転機の回転軸方向の磁気回路としての有効長さを l，ギャップの平均半径を r とする．

次に，ギャップの磁束密度が 0 の位置からのギャップに沿った距離を x として，ギャップにおける磁束密度分布 B_x を導出する．式（3.8）で表される磁気抵抗の大きさは磁束のどの通路を考えても同じであるから，ギャップの磁束密度の波形は図 3.5 に示す方形波になり，その大きさは次式で与えられる．

$$B=\frac{1}{\pi rl}\cdot\phi=\frac{1}{\pi rl}\cdot\frac{F}{R}=\frac{1}{\pi rl}\cdot\frac{Ni}{R}=\frac{Ni\mu_0}{2\Delta} \tag{3.9}$$

これをフーリエ級数に分解する．

$$B=\frac{4B}{\pi}\left(\sin\omega x+\frac{1}{3}\sin\frac{\omega x}{3}+\cdots\right)\quad ここで，\quad \omega=2\pi f=2\pi\frac{1}{T}=2\pi\frac{1}{2\pi r}=\frac{1}{r}$$

基本波 B_x のみとると次式になる．すなわち，基本波の最大値は $4B/\pi$ となる．

$$B_x=\frac{4B}{\pi}\sin\left(\frac{x}{r}\right)=\frac{4}{\pi}\cdot\frac{N\mu_0}{2\Delta}\cdot i\sin\frac{x}{r} \tag{3.10}$$

B_x に対する起磁力 F_x は，次式のように求められる．

$$F_x=R\phi=\left(\frac{1}{\mu_0}\frac{2\Delta}{\pi rl}\right)\cdot(\pi rlB_x)=B_x\cdot\frac{2\Delta}{\mu_0}=\frac{4}{\pi}Ni\sin\left(\frac{x}{r}\right) \tag{3.11}$$

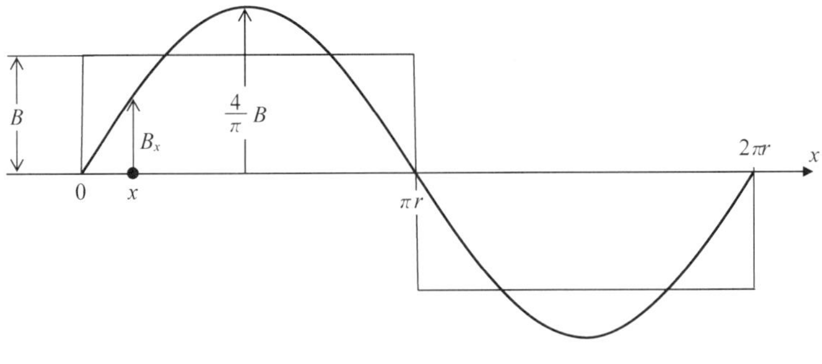

図 3.5　ギャップの磁束密度の波形

3.1.3　回転磁界の発生

図 3.1 の永久磁石の回転は，実際にはなんらかの方法で電気的に回転磁界を発生させる必要がある．直流電源からサイリスタ素子を用いて行うことも可能であるが，最も簡単な方法は三相交流により回転磁界を発生させる方法である．

図 3.6 に示す対称三相巻線に図 3.7 に示すような平衡三相電流を流すと，各相の電流により起磁力が発生する．たとえば図の $t=t_1$ では，$i_a=I_m$，$i_b=i_c=-I_m/2$ となり，これによる各巻線の起磁力 F_a，F_b，F_c は図 3.7 の下図に示すように，a 相ではその相の巻線軸の正方向に，b，c 相では各相の巻線軸の負方向になる．これらの 3 つの起磁力の空間ベクトルの和は，図の F になる．同様のことを $t_2, t_3, \cdots$ について行うと，図に示すように，時刻の進行とともに F は時計方向に回転することがわかる．

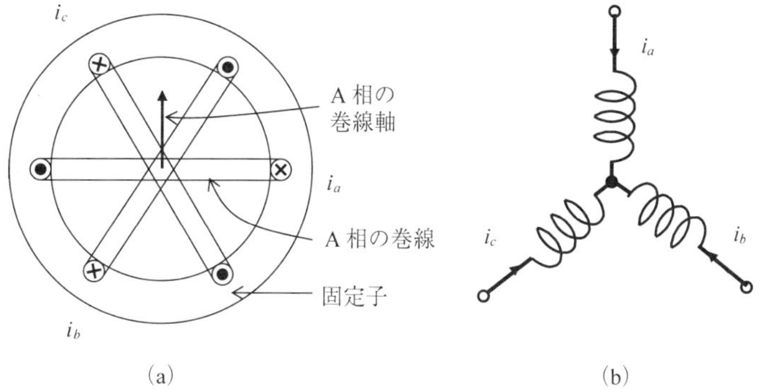

図 3.6　三相対称巻線

図に示す各巻線の電流の方向を正の方向とする．

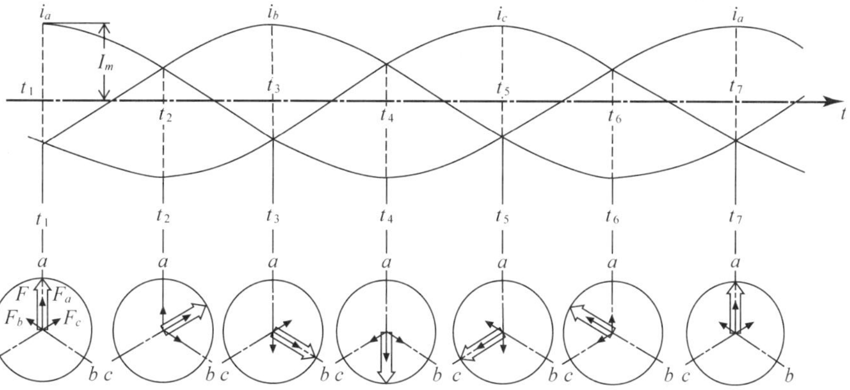

図 3.7　対称三相交流による回転磁界

ここで，以上のことを数式で検討してみる．図 3.6 の各相巻線の巻数を N，各巻線に対称三相交流電流を流せば，各巻線の面に直角な方向に F_a，F_b，F_c の起磁力が生じる．

$$i_a=I_m\cos\omega t \qquad F_a=F_m\cos\omega t$$

$$i_b=I_m\cos\left(\omega t-\frac{2\pi}{3}\right) \qquad F_b=F_m\cos\left(\omega t-\frac{2\pi}{3}\right)$$

$$i_c = I_m \cos\left(\omega t - \frac{4\pi}{3}\right) \qquad F_c = F_m \cos\left(\omega t - \frac{4\pi}{3}\right) \tag{3.12}$$

ただし，F_m は起磁力の最大値で $\frac{4}{\pi}I_m N$ となる（式（3.11）参照）．

いま，巻線 a の巻線軸方向を基準にして x，y 軸を定め，各起磁力の空間ベクトル和を求めると，次式になる．

$$F_x = F_a + F_b \cos\left(-\frac{2\pi}{3}\right) + F_c \cos\left(-\frac{4\pi}{3}\right) = \frac{3}{2}F_m \cos \omega t$$

$$F_y = F_b \sin\left(-\frac{2\pi}{3}\right) + F_c \sin\left(-\frac{4\pi}{3}\right) = \frac{3}{2}F_m \sin \omega t \tag{3.13}$$

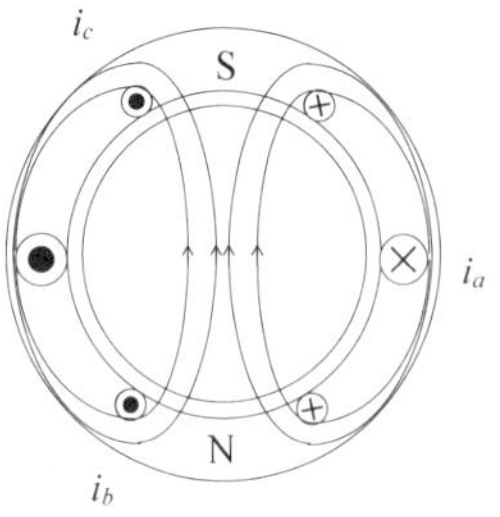

図 3.8　a 相電流最大時の磁束分布（2 極巻）

F_x は F_y よりも位相が $\frac{\pi}{2}$ 遅れており，これの合成起磁力 F は，角速度 ω で回転することがわかる．その回転方向は図 3.7 を観察するとわかるように，a → b → c で電流の位相の順序に一致している．また，ある相の巻線電流が最大の瞬間には，合成の回転磁界の磁軸はその巻線軸上にある．たとえば t_1 では i_a が最大で，回転磁界の磁軸は巻線 a の軸上にある．このときの空間の磁束分布は図 3.8 のように，a 相巻線軸の正方向に S 極，負方向に N 極が生じ，2 極になっていることがわかる．これに対して図 3.9(a) のように巻線を施し，これに平衡三相交流電流を流した場合，a 相電流が最大の瞬間の磁束分布は図 3.9(b) のようになり，4 極となっている．このようにして 6 極巻，8 極巻，……なども考えることができる．

図 3.8 の 2 極巻の場合，交流電流が 1 サイクルする間に回転磁界が 1 回転する．回転磁界の回転速度（同期速度）n_0 は，交流電流の周期 T の逆数，すなわ

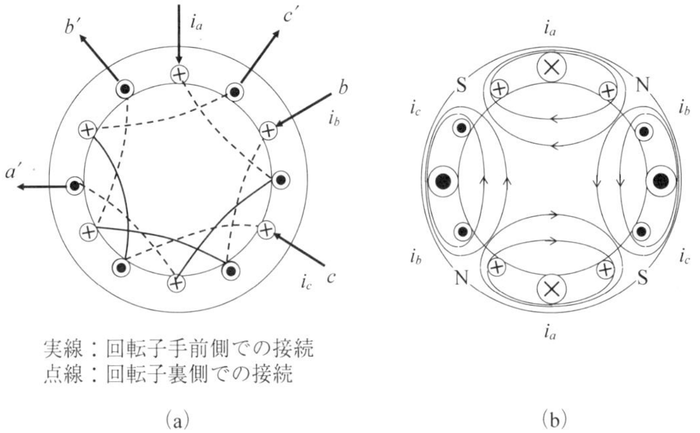

図 3.9　a 相電流最大時の磁束分布（4 極巻）

ち周波数に等しい．

$$n_0=\frac{1}{T}=f\ [\mathrm{rps}] \tag{3.14}$$

多極機の場合，その極対数を p（極数 P は，$P=2p$ となる）とすると，回転磁界は 1 周期に $1/p$ 回転しか回転しないから，磁界の回転数 n_0 は

$$n_0=\frac{f}{p}\ [\mathrm{rps}] \tag{3.15}$$

となる．

さて，三相誘導電動機を図 3.10(a) に示すように三相電源 A，B，C に接続した場合に，誘導電動機は時計方向に回転したとする．もし図 3.10(b) のようにｂ相とｃ相を入れ替えて電源に接続すると，回転磁界の方向が反時計方向に回転するので，回転子は反時計方向に回転する．

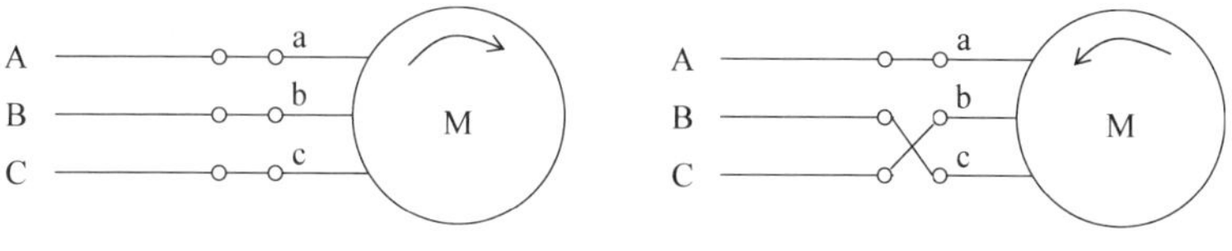

(a)　(b)

図 3.10　回転磁界の回転方向

3.1.4　誘導電動機の構造と分類

誘導電動機は，回転磁界をつくる固定子と，この回転磁界による電磁誘導作用によって回転する回転子からなる．誘導電動機は，回転磁界をつくる電源の相数と回転子の構造から次のように分類される．

電源の相数による分類：

- 単相誘導電動機
- 多相誘導電動機
  - 二相誘導電動機
  - 三相誘導電動機

回転子の構造による分類：

- 巻線形誘導電動機
- かご形誘導電動機
  - 普通かご形
  - 特殊かご形
    - 二重かご形
    - 深みぞ形

三相誘導電動機は三相電源から容易に回転磁界が得られ，構造が簡単で堅牢な低価格の電動機となるため多方面で利用され，小容量（0.35 kW 程度）のものから大容量（数千 kW 程度）のものまである．二相誘導電動機は電源の関係から，二相サーボモータのような特殊なものに限られる．単相誘導電動機は家庭な

どの単相電源しか得られないところで盛んに用いられているが，その容量は小さいものである．

巻線形誘導電動機は，図3.11のように絶縁を施した三相分の巻線を回転子スロットに挿入し，YまたはΔの結線をしたもので，3端子は軸上に設けられた3個のスリップリングに接続されている．スリップリングに接続される外部の抵抗器を調整することにより，始動特性の改善が得られる．しかしかご形に比べ高価で，しかもスリップリングとブラシの保守が必要である．

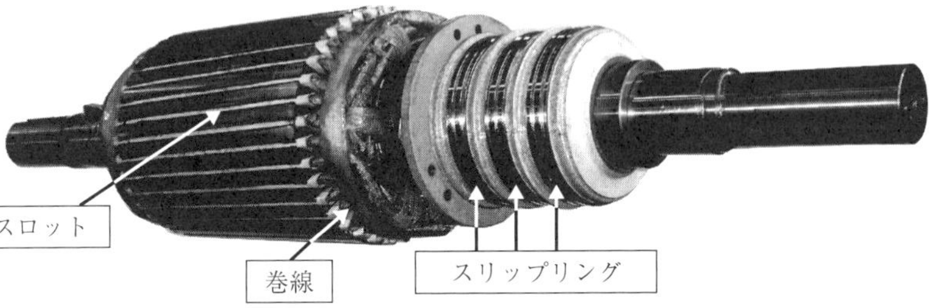

図 3.11　巻線形誘導電動機の回転子（写真提供：株式会社　安川電機）

普通かご形は1個のスロットに1本の太い銅，またはアルミニウムの導体（bar）を絶縁を施さないまま入れ，すべての導体を図3.1に示したように端絡環（end ring）に接続してある．特殊かご形については3.2.3項で述べる．図3.12に，かご形誘導電動機の断面写真を示す．かご形回転子のbarが回転軸に対して斜めになっているが，これは始動トルクが回転子が停止している位置とは関係なく一様になるように考慮されたもので，回転中の磁気的なうなり音も小さくなる．このような回転子は**斜溝回転子**といわれる．

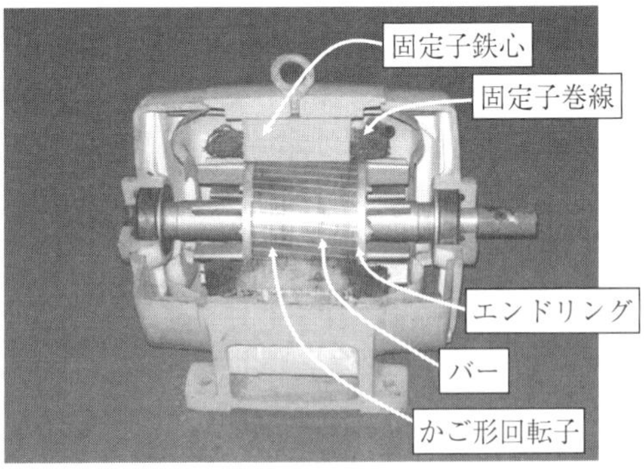

図 3.12　かご形誘導電動機

3.2　三相誘導電動機

3.2.1　動作原理と等価回路

三相誘導電動機は前節で述べたようにかご形と巻線形の2種類があるが，原理的には同一である．ただし，巻線形はスリップリングを通して2次巻線の抵抗値が変更可能となる．ここでは図3.13に示す巻線形の誘導電動機について等価回路を導く．なお，誘導電動機の定数は以下のように仮定する．

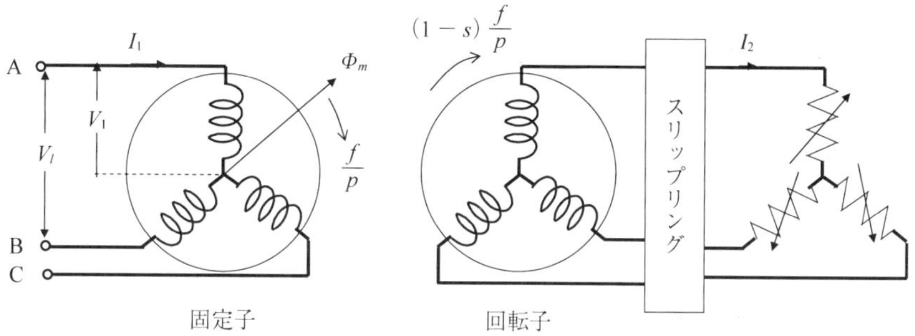

図 3.13　三相巻線形誘導電動機

電源電圧：V_1（線間電圧の V_l の $1/\sqrt{3}$）
電源周波数：f，極対数：p
1次巻線：Y結線，一相の有効巻数 N_1，漏れインピーダンス r_1+jx_1
2次巻線：Y結線，一相の有効巻数 N_2，漏れインピーダンス r_2+jx_2
励磁アドミッタンス：$\dot{Y}_0=g_0-jb_0=(g_w+g_i)-jb$

a. 無負荷運転時の動作　図3.14に示す励磁回路（a）に電源電圧がかかることになり，1次巻線に無負荷電流 $\dot{I}_{00}$ が流れる．図3.14(b) に示すベクトル図を参考にすると次式が成り立つ．

$$I_{00}=\sqrt{I_m{}^2+(I_w+I_i)^2}$$
$$I_0=\sqrt{I_m{}^2+I_i{}^2} \tag{3.16}$$

ここで I_0 は励磁電流とよばれ，変圧器の2次側を開放したときに相当し，回転磁界をつくるための磁化電流 I_m と鉄損を供給するための鉄損電流 I_i の合成であ

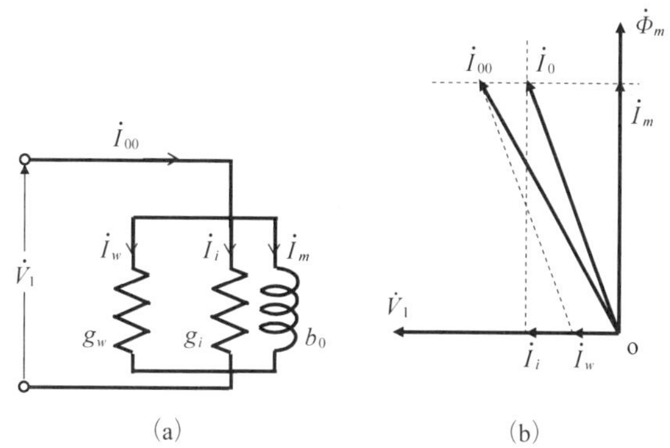

図 3.14　励磁回路と無負荷電流

る．電動機を無負荷で運転すると風損や摩擦損の機械損を供給するための電流 I_w が流れ，これと励磁電流 I_0 との合成が無負荷電流 I_{00} となる．しかし，いちおう誘導電動機の理論は励磁電流 I_0 を無負荷電流と考え，機械損は出力の一部として消費されるものとして，発生動力から減ずるようにする．

いま無負荷で回転子が同期速度 f/p [rps] で回転しているものとする．この場合，回転磁界と回転子の速度が同じであるから（すべり $s=0$），回転子には電圧が誘導されず電流が流れない．したがって，トルクは発生しないが機械損を無視すれば，回転子は慣性により同期速度で回転する．固定子巻線には，上述のように励磁電流 I_0 が流れ，ギャップに回転磁界が生じている．この回転磁界は固定子からみるとその大きさは Φ_m，周波数 f の交番磁界で，固定子の各巻線には次式で表される大きさ（実効値）の平衡三相電圧が誘導される．

$$E_1=4.44\,fN_1\Phi_m \tag{3.17}$$

無負荷電流による漏れインピーダンス降下を無視すると，これが電源電圧 V_1 に対抗する．

$$\therefore\quad V_1=E_1=4.44\,fN_1\Phi_m \tag{3.18}$$

したがって電源電圧 V_1 が一定であれば，Φ_m も一定である．

b. 負荷運転時の動作　回転子に負荷トルクが加わると回転子は減速し，すべり s を生じる．回転子巻線が磁束と叉交する速さは静止時に対して s 倍になり，誘起電圧の周波数が s 倍になったと考えればよい．したがって，回転子巻線に誘起する誘起電圧の実効値は次式で表される．

$$E_{2s}=4.44(sf)N_2\Phi_m=sE_2 \tag{3.19}$$

$$\text{ただし，}E_2=4.44\,fN_2\Phi_m \tag{3.20}$$

回転子巻線の周波数は sf であるから，巻線の漏れインピーダンスは r_2+jsx_2 となり，回転子巻線には次式で表される大きさの平衡三相電流が流れる．

$$I_2=\frac{E_{2s}}{\sqrt{r_2{}^2+(sx_2)^2}}=\frac{E_2}{\sqrt{(r_2/s)^2+x_2{}^2}} \tag{3.21}$$

この電流により，回転子上を sf/p [rps] で回転する起磁力 $F_r\left(=\frac{3}{2}\cdot\frac{4}{\pi}N_2I_2\right)$ が生じる．回転子自身は $(1-s)f/p$ [rps] で回転しているから，F_r の固定子に対する回転速度は

$$\frac{sf}{p}+\frac{(1-s)f}{p}=\frac{f}{p}\ \text{[rps]} \tag{3.22}$$

となる．これは固定子からみると，回転子巻線の電流 I_2 の周波数は f とみなせることを示している．

回転子巻線（2次巻線）に電流 I_2 が流れ，これによる起磁力 F_r が生じるので，これを打ち消すために固定子巻線（1次巻線）に新たに1次負荷電流 I_1' が

流入して回転起磁力 $F_s\left(=\frac{3}{2}\cdot\frac{4}{\pi}N_1I_1'\right)$をつくる．この回転速度は f/p［rps］であり，固定子側からみた F_r の回転速度と同じになる．すなわち，回転子巻線の電流 I_2 により生じた回転起磁力 F_r は，1 次負荷電流 I_1' がつくる回転起磁力 F_s により打ち消される．したがって，無負荷の状態に存在したギャップ磁界 Φ_m は一定に保たれる．このギャップ磁界と回転子巻線の電流 I_2 との間にトルクが生じ，負荷トルクに対抗して動的な平衡が保たれる．

c. 等価回路 a. および b. に述べたことをまとめると，下記のことがいえる．

① 無負荷時の 1 次電流は，機械損を無視すると I_0 となり，すべり $s=0$ である．

② 負荷時は $s>0$ で，このときの 2 次電流は次式で与えられる．

$$I_2=\frac{E_2}{\sqrt{(r_2/s)^2+x_2{}^2}}$$

1 次側からみた周波数は f とみなされる．

③ 2 次電流による起磁力は 1 次負荷電流 I_1' によって打ち消される．すなわち，$N_2I_2=N_1I_1'$ が成り立つ．また，ギャップ磁束はつねに一定に保たれる．

④ 1 次誘起電圧と 2 次誘起電圧の間には次式が成り立つ（式（3.17），（3.20）参照）．

$$\frac{E_1}{E_2}=\frac{N_1}{N_2}$$

以上のことから，三相巻線の一相分の等価回路として図 3.15 が得られる．図 3.15(a) が一相分の等価回路である．図 3.15(b) は，変圧器と同様に 2 次回路の抵抗，漏れリアクタンスを 1 次側に換算し，励磁回路 $\dot{Y}_0$ を電源側に移動させた簡易等価回路である．r_2'，x_2'，$\dot{I}_2'$ のようにダッシュ記号をつけたものは 1 次に換算したことを示す．すなわち，次式で与えられる．

$$r_2'=\left(\frac{N_1}{N_2}\right)^2 r_2,\quad x_2'=\left(\frac{N_1}{N_2}\right)^2 x_2,\quad \dot{I}_2'=\left(\frac{N_2}{N_1}\right)\dot{I}_2 \tag{3.23}$$

図 3.15(b) の 2 次抵抗は，図 3.15(a) の 2 次抵抗 r_2/s を 1 次に換算し，次式に示すように変形し，2 つの項で表している．

$$\frac{r_2'}{s}=r_2'+r_2'\frac{1-s}{s} \tag{3.24}$$

第 1 項が 2 次抵抗を，第 2 項は変圧器の負荷抵抗に相当し，ここで消費されるエネルギーが機械出力を表す．無負荷時 $s=0$ のとき $r_2'\frac{1-s}{s}=\infty$，$\dot{I}_1'=0$ となり，変圧器の 2 次開放に相当する．また，始動時 $s=1$ では $r_2'\frac{1-s}{s}=0$ となり，変圧

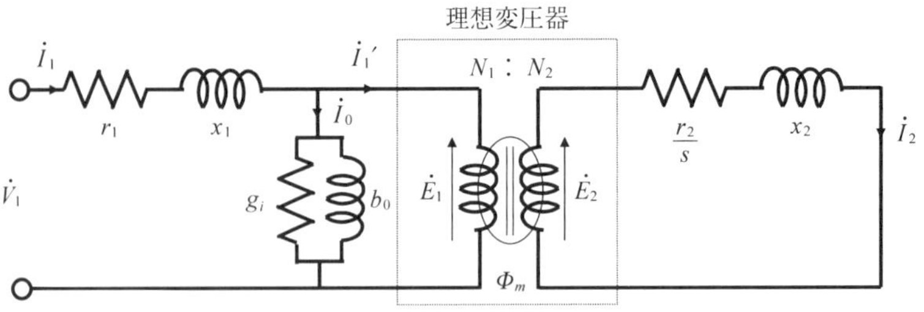

(a) 一相あたりの等価回路

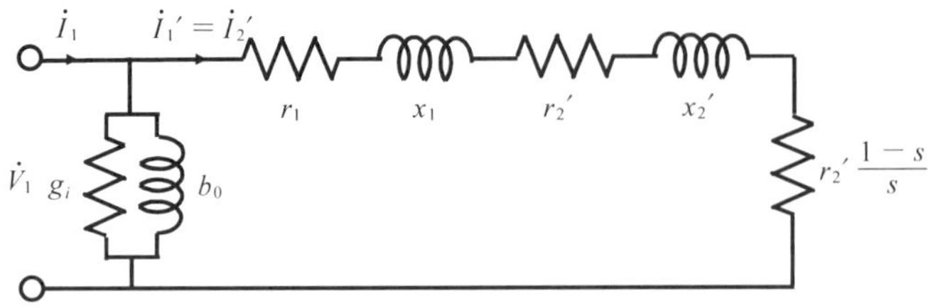

(b) 1次側に換算した簡易等価回路

図 3.15　等価回路

器の2次短絡に相当する．

d. 等価回路定数の決定　図3.15の誘導電動機等価回路の抵抗，リアクタンスなどの定数は，抵抗測定，無負荷試験，拘束試験を実施することにより決定することができる．

1)　**抵抗測定：**　1次巻線に直流を流してブリッジ法あるいは電圧降下法で抵抗を測定する．1次側の3つの端子のうちの各2端子間の抵抗を測定し，その平均値を R_0，測定時の周囲温度 t [°C] とする．特性算出の基準巻線温度 T [°C] に換算した一相あたりの1次巻線抵抗 r_1 を次式より求める．

$$r_1 = \frac{R_0}{2} \cdot \frac{235 + T}{235 + t} \tag{3.25}$$

2)　**無負荷試験：**　定格周波数，対称三相定格電圧を加えて無負荷運転し，そのときの線間電圧 V_l（一相分の電圧 $V_1 = V_l/\sqrt{3}$），無負荷電流 I_{00}，無負荷入力 W を測定する．この無負荷入力 W には，鉄損 W_i のほかに機械損 W_w も含まれている．これらを分離して求める必要があるが，次のように考えればよい．無負荷試験において，定格電圧付近で電源電圧を高低に変化させて無負荷入力 W を測定する．このとき鉄損は電圧の2乗に比例するが，回転速度はあまり変化しないので，機械損は不変と考えられる．したがって図3.16(a) に示すように，無負荷入力 W の曲線を供給電圧零まで補外することにより機械損 W_w が求まる．

無負荷運転時のすべりは小さいので回転子鉄心の鉄損を無視することができ，鉄損は主に固定子鉄心で発生する．このときすべり $s \fallingdotseq 0$，$r_2'/s \fallingdotseq \infty$ となり，等

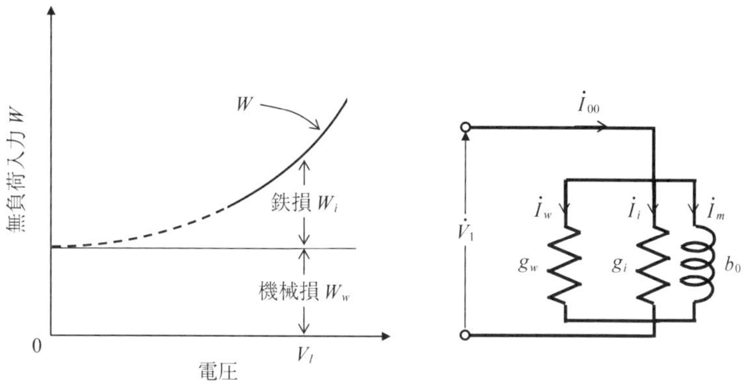

(a) 鉄損と機械損の分離　(b) 無負荷試験の等価回路

図 3.16　無負荷試験

価回路は図 3.16(b) のようになる．したがって次式が導かれる．

$$g_i=\frac{W_i}{3V_1^2}=\frac{W-W_w}{3V_1^2} \qquad I_i=V_1\cdot g_i$$

$$g_w=\frac{W_w}{3V_1^2} \qquad I_w=V_1\cdot g_w \qquad (3.26)$$

$$b_0=\sqrt{\left(\frac{I_{00}}{V_1}\right)^2-(g_i+g_w)^2}$$

なお，3.2.1 項 a. で述べたように，機械損は出力の一部として消費されるものとして，発生動力から減ずるようにする (p.42)．すなわち，g_w を等価回路からは除いて考え，励磁電流 $\dot{I}_0=\dot{I}_i+\dot{I}_m$ を無負荷電流と考える．

3) **拘束試験：**　回転子を回らないように拘束し，定格周波数の低電圧を加えて定格電流に近い電流を流し，このときの線間電圧 V_{ls} (一相分の電圧 $V_{1s}=V_{ls}/\sqrt{3}$)，入力電流 I_1'，入力 P_i を測定する．拘束試験時は印加電圧が低いので，励磁電流を無視する．したがって等価回路は図 3.17 のようになる．入力 P_i は r_1+r_2' で消費される電力であり，1) の抵抗測定から 1 次巻線抵抗 r_1 がわかっているので 2 次巻線抵抗 r_2' が次式より求まる．さらに，漏れリアクタンス x_1+x_2' も式 (3.28) のように求まる．

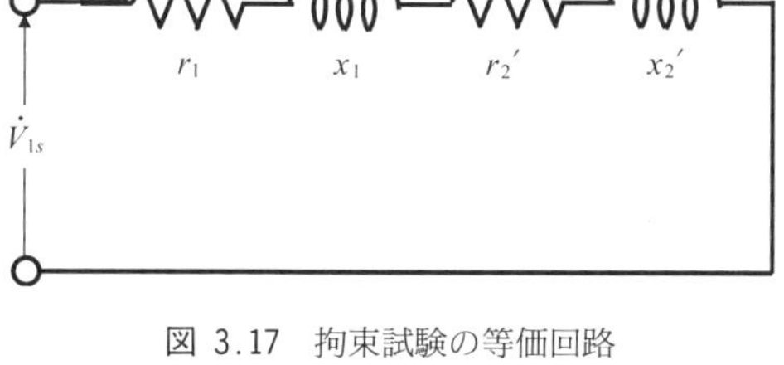

図 3.17　拘束試験の等価回路

$$r_2'=\frac{P_i/3}{(I_1')^2}-r_1 \tag{3.27}$$

$$x_1+x_2'=\sqrt{\left(\frac{V_1}{I_1'}\right)^2-(r_1+r_2')^2} \tag{3.28}$$

3.2.2　三相誘導電動機の運転特性

三相誘導電動機の1次一相からみた等価回路は，図3.15(b) となることがわかった．この等価回路をもとにして，一定の電圧が供給されている場合の入力，出力，損失の電力の関係，トルク，回転数（すべり s）とトルク，回転数と電流について考える．

a. 入力，出力，損失の関係　図3.15の等価回路に電源電圧 V_1 が印加されたとき，電源からの入力 P_{in} は次式から求まる．

$$P_{in}=3[\dot{V}_1\cdot\dot{I}_1^*]_r \tag{3.29}$$

ここで，上付き記号の＊および [　]$_r$ は，それぞれ共役複素数，複素演算結果の実部を表すものとする．

各種損失は等価回路中の各抵抗による損失であるから，各抵抗に流れる電流を計算すればよい．まず1次負荷電流 $\dot{I}_1'$ とその大きさ I_1' は，次式で与えられる．

$$\dot{I}_1'=\frac{\dot{V}_1}{(r_1+r_2'/s)+j(x_1+x_2')}$$
$$I_1'=\frac{V_1}{\sqrt{(r_1+r_2'/s)^2+(x_1+x_2')^2}} \tag{3.30}$$

励磁電流のベクトル表現とその大きさは，次式で与えられる．

$$\dot{I}_0=\dot{V}_1(g_i-jb_0)$$
$$I_0=V_1\sqrt{g_i^2+b_0^2} \tag{3.31}$$

したがって，1次電流 $\dot{I}_1$ は次式になる．

$$\dot{I}_1=\dot{I}_0+\dot{I}_1' \tag{3.32}$$

r_1 で消費される電力は1次銅損であり，次式で表される．

$$W_{c1}=3I_1'^2r_1 \tag{3.33}$$

同様に r_2 で消費される電力は2次銅損であり，次式で表される．

$$W_{c2}=3I_1'^2r_2 \tag{3.34}$$

g_i で消費される電力は鉄損であり，次式で表される．

$$W_i=3V_1^2g_i \tag{3.35}$$

機械出力は $r_2'\frac{1-s}{s}$ で消費される電力に相当し，次式で表される．

$$P_0=P_{in}-W_i-W_{c1}-W_{c2}=3I_1'^2r_2'\frac{1-s}{s} \tag{3.36}$$

なお，これには機械損 W_w が含まれているので，電動機の軸出力 P は次式で表される．

$$P = P_0 - W_w \tag{3.37}$$

図 3.18 は，上述から得られる電力の流れを示している．図中の P_{sy} は 1 次から 2 次側に伝達される電力で，これは**同期ワット**とよばれ，次式で表される．

$$P_{\mathrm{sy}} = P_{\mathrm{in}} - W_i - W_{c1} = P_0 + W_{c2} = 3I_1'^2 \frac{r_2'}{s} \tag{3.38}$$

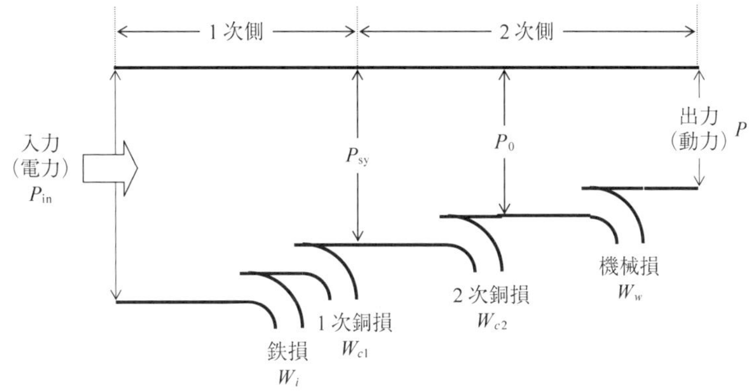

図 3.18　電力の流れ

式（3.34），（3.36），（3,38）より，次の重要な関係が成り立つ．

$$P_{\mathrm{sy}} : P_0 : W_{c2} = 1 : 1-s : s \tag{3.39}$$

上式から，2 次側に入力された電力のうち（$1-s$）が機械出力に，s が 2 次銅損になることがわかる．すなわち，すべりの大きいところで運転すると 2 次銅損が多くなり効率が悪くなる．この点から，大型機になればなるほど定格時のすべりを小さくしなければならない．数千 kW のものでは 2～3% 程度に設計されている．

次に効率について考察する．入力に対する出力の割合が効率であり，次式で与えられる．

$$\eta = \frac{P}{P_{\mathrm{in}}} \tag{3.40}$$

2 次入力に対する出力の割合は 2 次効率とよばれ，次式で表される．

$$\eta_2 = \frac{P_0}{P_{\mathrm{sy}}} = 1-s \tag{3.41}$$

なお，効率の計算では機械損 W_w を無視して $\eta = P_0/P_{\mathrm{in}}$ で計算することも多い．

b. トルク

力と所要動力（直線運動）およびトルクと所要動力（回転運動）：物体に力 f が作用し，速度 v で直線運動するときの所要動力を P とすると，$P = f \cdot v$ が成り立つ．回転運動の場合，トルク T が作用し，回転角速度 ω で回転するときの所要動力は $P = \omega \cdot T$ となる．

$$\because\quad P=f\cdot v=\frac{T}{r}\cdot v=T\cdot\frac{v}{r}=2\pi nT\quad(\because v=2\pi nr)$$

電動機の発生するトルク T は，電動機の機械的出力 P_0 と回転角速度 $\omega(=2\pi n)$ から次式で表される．

$$\begin{aligned}T&=\frac{P_0}{2\pi n_2}=\frac{P_{\mathrm{sy}}(1-s)}{2\pi n_0(1-s)}=\frac{1}{2\pi n_0}\left(3I_2'^2\frac{r_2'}{s}\right)\\&=\frac{3V_1^2}{2\pi n_0}\cdot\frac{r_2'/s}{(r_2'/s)^2+x_2'^2}=\frac{3V_1^2}{2\pi n_0}\cdot\frac{sr_2'}{r_2'^2+(sx_2')^2}\end{aligned}\qquad(3.42)$$

すべり s が小さいとき，$r_2'\gg sx_2'$ となるからトルク T は次式で近似できる．

$$T\fallingdotseq k\cdot V_1^2\cdot\frac{s}{r_2'}\propto s\quad(k\text{ は，比例定数})\qquad(3.43)$$

一方，すべり s が大きいときは $sx_2'\gg r_2'$ となるから，トルク T は次式で近似できる．

$$T\fallingdotseq k\cdot V_1^2\cdot\frac{r_2'}{sx_2'^2}\propto\frac{1}{s}\quad(k\text{ は，比例定数})\qquad(3.44)$$

すなわち T は，s が小さいときは s に比例し，s が大きいときは s に反比例する．$s=1$ のときのトルク T_s は次式で与えられ，これが起動トルクである．

$$T_s=k\cdot V_1^2\cdot\frac{r_2'}{r_2'^2+x_2'^2}\qquad(3.45)$$

式（3.42）を s で微分し零とおくことにより，最大トルク T_m（**停動トルク**といわれる）および最大トルクを発生するすべり s_m を次のように求めることができる．

$$\begin{aligned}s_m&=\frac{r_2'}{x_2'}\\T_m&=k\cdot V_1^2\cdot\frac{1}{2x_2'}\end{aligned}\qquad(3.46)$$

c. トルク-速度特性　上述のことから誘導電動機のトルク-速度特性が図3.19のように得られる．図の曲線aの T_s が始動トルク，T_m が最大トルク，s_m がそのときのすべりである．負荷トルク T_L が同図の曲線bで表される場合には，電動機が停止しているとき（$s=1$ のとき）に電源スイッチを投入すると，始動トルク T_s が発生し，T_s-T_L が誘導電動機を加速することになる．誘導電動機と負荷を合わせた全体の慣性モーメントを J とし，摩擦係数を無視すると，次の回転系の運動方程式にしたがって加速される．

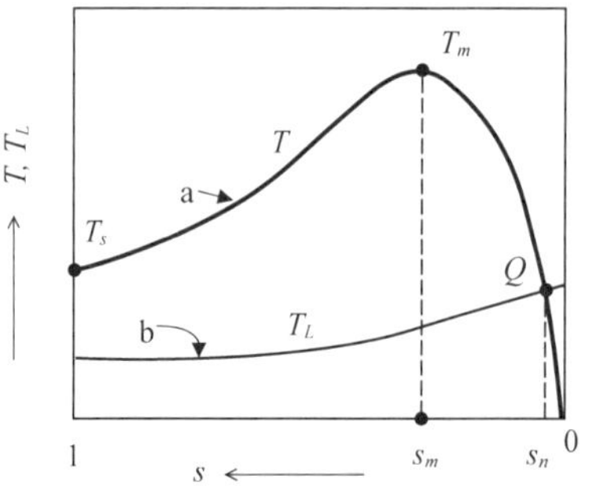

図 3.19　トルク-速度特性

$$J\frac{d\omega}{dt}=T_s-T_L\qquad(3.47)$$

曲線aとbとの交点Qが安定運転点となる．点Qが定格負荷時とすると，そのときのすべりs_nは普通0.1〜0.2ぐらいの範囲になる．図3.19の曲線aに示すようにトルクの$s=s_m$から$s=0$の特性は，ほぼsに比例した急傾斜であるので，負荷トルクの変動に対して速度変動は小さくほぼ定速運転となる．

d. 電流-速度特性　図3.15の等価回路から，誘導電動機の負荷時の電流は，励磁電流を無視すると次式で表される．

$$I_1 = I_2' = \frac{V_1}{(r_2'/s)^2 + x_2'^2} \tag{3.48}$$

したがって，$s=0$のとき$I_1=0$となり，sが増加するにつれてI_1が増加する．よって電流-速度特性は図3.20のようになる．$s=1$のときのI_1が始動電流であり，$s=s_n$のときの電流が定格電流I_nである．すなわち，誘導電動機に直接定格電圧を印加して始動する場合，始動時に定格電流の数倍の電流が流れることになる．したがって，なんらかの始動方法が必要なことがわかる．

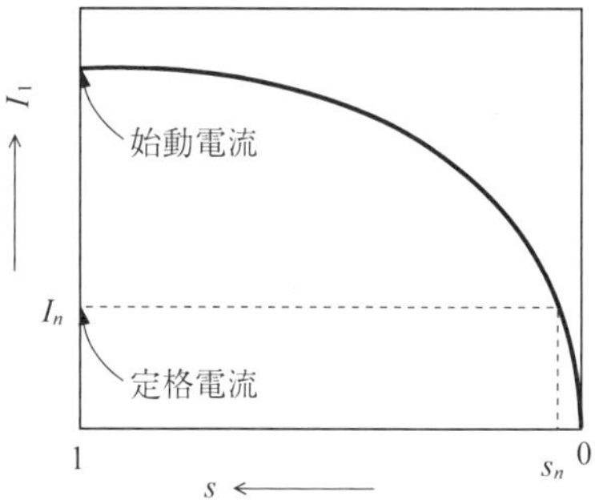

図 3.20　電流-速度特性

3.2.3　2次抵抗の影響

式（3.42）および（3.48）から明らかなように，誘導電動機に一定の電圧を印加して駆動した場合，電流，トルクともにr_2'/sの関数になっていることがわかる．すなわち，たとえばすべりをm倍したときr_2'もm倍すれば，電流もトルクもそれらの大きさが変化しないことを示している．これは**比例推移**とよばれ，誘導電動機の速度特性の重要な性質である．

a. 巻線形誘導電動機　巻線形誘導電動機の2次挿入抵抗を零としたときのトルクと電流の特性曲線を，それぞれ図3.21(a)と（b）の曲線①に示す．2次抵抗が零の状態で始動した場合，始動トルクは小さく，しかも始動電流が大きい．しかし2次側に外部抵抗を挿入して巻線抵抗の2倍，3倍の抵抗を挿入すると，

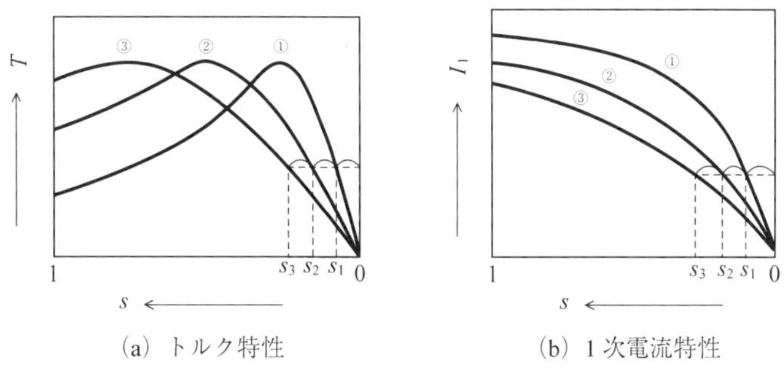

図 3.21　比例推移

比例推移の性質からトルク，電流特性は同図②，③の曲線となり，始動トルクが大きくなり，始動電流が抑えられ，始動特性が大きく改善できることがわかる．

b. 特殊かご形誘導機の始動特性　一般に，かご形誘導電動機は構造が簡単堅牢で，かつ効率や力率などの運転特性が良好である．しかし始動電流の大きい（定格電流の5〜6倍程度にも達する）わりに始動トルクが小さく，始動特性が悪い．これを改善する方法として，1893年ドイツで二重かご形構造の誘導電動機が考案された．また，原理的には類似の深みぞ形誘導電動機もあり，5 kW程度以上の三相かご形誘導電動機に用いられている．

1)　**二重かご形：**　二重かご形回転子は図3.22に示すような構造になっており，上部の2次巻線（実際はかご構造を構成する導体A）は断面積は小さく，黄銅で作られており抵抗が大きい．一方，下部の3次巻線（導体B）は純銅で作られ低抵抗である．ギャップの関係から導体Aをめぐる漏れ磁束は少ない（漏れリアクタンス $x_2 \fallingdotseq 0$）が，導体Bをめぐる漏れ磁束は多く，その漏れリアクタンス $x_{23}+x_3$ は大である．したがって，始動時にはすべり $s \fallingdotseq 1$ であるから，回転子側の周波数 sf は高いので，回転子側の電流はインピーダンスの大きい導体Bには流れないで導体Aに流れる．導体Aは高抵抗であるから，始動トルクが大となる．回転子が同期速度に近づくと，すべり $s \fallingdotseq 0$ となるので x_3 が減少し，回転子側の電流は導体の抵抗だけで定まり，ほとんどの電流は低抵抗の導体Bを流れる（図3.23）．以上のように，二重かご形電動機は始動時は高抵抗の導体

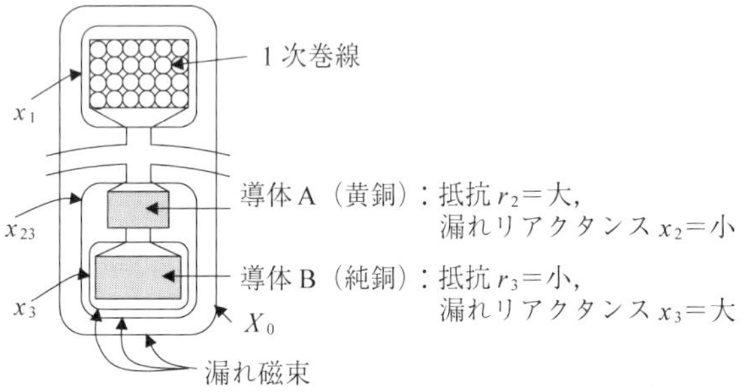

図 3.22　二重かご形回転子の構造

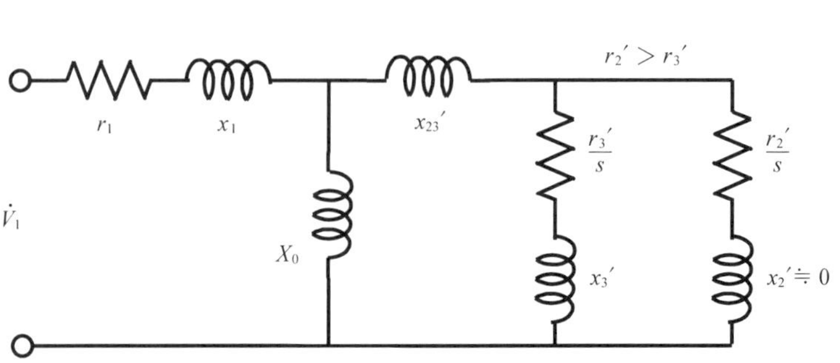

図 3.23　二重かご形誘導電動機の等価回路

Aに，運転時には低抵抗の導体Bに電流が流れ，自動的に抵抗が変化することになる．

2)　深みぞ形：　図3.24は回転子の溝を深くかつ狭くし，断面の細長い導体を使用したもので，深みぞ形誘導電動機とよばれる．始動時は導体下部の漏れリアクタンスが大きいので，電流は導体上部に集中して流れる．したがって導体の抵抗が増加したことになり，電流が小さくなり，トルクは大きくなる．しかし，同期速度に近い運転になると2次周波数が下がるので，漏れリアクタンスが減少し，電流が導体の全面に分布し抵抗が減少することになる．

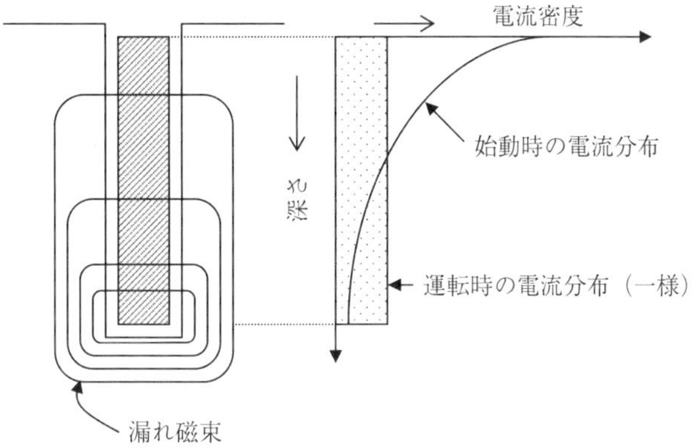

図 3.24　深みぞ形回転子の構造の電流分布

3.2.4　三相誘導電動機の速度制御法

誘導電動機は，古くは定速度電動機として分類され，速度制御に不向きな電動機と考えられていた．しかし近年のパワーエレクトロニクスや制御技術の進歩により，可変速電動機としても広く用いられるようになっている．その主流はインバータのような可変周波数の電源を用いた方法であり，これらについては項を改めて説明する．はじめに，従来から用いられていた誘導電動機の速度制御の方法について簡単に説明する．

a. 誘導電動機の速度制御法　誘導電動機の速度は次式で表されるので，すべり s，周波数 f，極対数 p を変更することにより速度 n を制御できる．

$$n=(1-s)n_s=(1-s)\cdot\frac{f}{p}\ \text{[rps]} \tag{3.49}$$

1)　すべり制御（2次抵抗制御）：　巻線形誘導電動機では，比例推移の性質を応用して，2次回路の抵抗すなわちすべり s を変更して速度制御を行うことができる

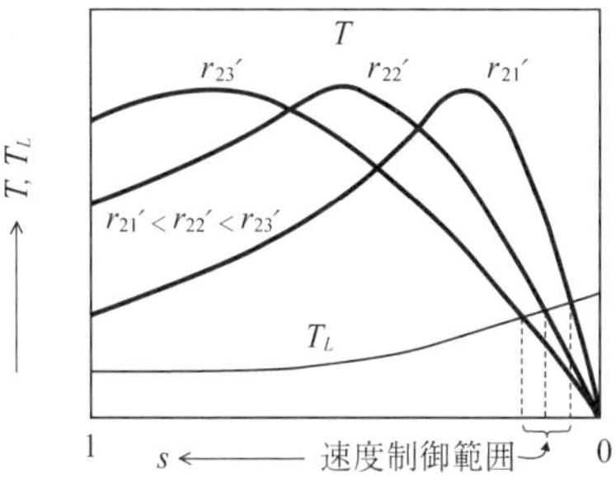

図 3.25　すべり制御（2次抵抗制御）

(図3.25). この方法は r_2' を大きくすれば速度制御範囲は広がるが，2次銅損が大きくなるので効率が悪い．速度制御の範囲は同期速度の40％程度である．

2) **極数制御**： 1次巻線の接続方法を変更して極数（極対数）を変えれば，同期速度が変化し電動機の回転数が変化する．通常2～3段の切り替えができるが，連続的な速度調整はできない．切り替えは，極数の異なる2組の巻線を設ける方法，1組の巻線を設けてその接続を変える方法，これらを併用する方法がある．この方式は，極数の変更に伴って回転子の極数も自動的に変わるかご形電動機に用いられる．

3) **周波数制御**： パワーエレクトロニクスの進歩により，可変周波数・可変電圧の交流電源（インバータ）が容易に入手できるようになり，かご形誘導電動機の可変周波数制御（インバータ制御）が可変速駆動に広く用いられるようになった．インバータ制御の代表的なものは，オープンループ制御でPWMインバータを用いた **V/f 制御**方式と，フィードバック制御により高速応答性を実現する**ベクトル制御**方式がよく用いられるようになった．V/f 制御方式とベクトル制御方式については次項で詳しく説明する．

4) **2次励磁方式**： 巻線形誘導電動機の2次回路に抵抗を接続して電流 I_2' を変えるかわりに，外部からスリップリングを通して，すべり周波数 sf と同じ周波数の起電力 E_c を，2次起電力 E_{2s} と反対方向に加える方法を2次励磁方式という．外部電圧 E_c の位相と大きさを変えることにより I_2' を変え，速度制御を行うことができる．これらの方式には静止クレーマ方式や静止セルビウス方式がある．

そのほかかご形誘導電動機では，1次電圧を変化させることによりトルク-速度特性が変わる（式（3.42）からわかるようにトルクは電源電圧の2乗に比例する）ので，これを利用して速度制御することも可能であるが，2次損失が大きいので小容量機に限定される．

b. 可変周波制御　前述したように，V/f 制御方式とベクトル制御方式について少し詳しく述べる．

V/f 制御はオープンループ制御であり応答性は決してよくないので，比較的ゆっくりした負荷に適用される．また速度制御の範囲は1：40程度である．一方，ベクトル制御は高速応答性の特長をもつ直流電動機の速度制御の概念を適応したもので，ダイナミックな変動負荷に対しても適用可能であり，速度制御範囲も1：100～1000を実現している．

1) **V/f 制御**： 誘導電動機の一相分の等価回路として，図3.26を考える．なお，同図では励磁損は無視している．l_1，l_2 は，1次および2次巻線の漏れインダクタンスである．2次回路に流れる電流 $\dot{I}_2$ は，次式で与えられる．

$$\dot{I}_2=\frac{\dot{E}_0}{r_2/s+j\omega l_2} \tag{3.50}$$

ここで，$\omega=2\pi f$ で，f は電源の周波数である．

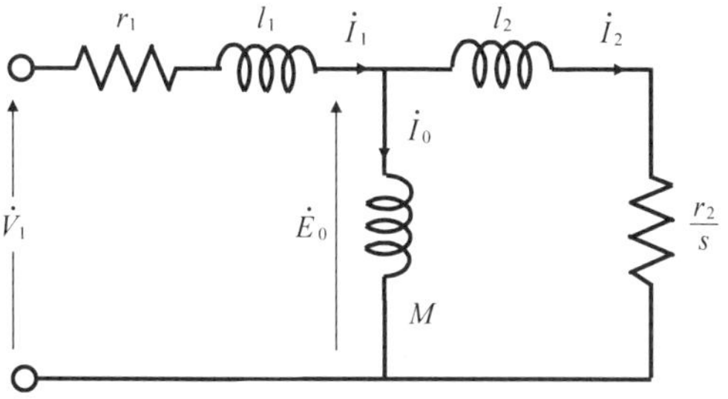

図 3.26　誘導電動機の等価回路

この電動機の発生トルク T は，固定子巻線の極対数を p とすると次式で与えられる．

$$\begin{aligned}T&=3\cdot\frac{P_{sy}}{2\pi n_0}=3\cdot\frac{P_{sy}}{2\pi(f/p)}=3p\cdot\frac{P_{sy}}{\omega}=3p\cdot\frac{I_2{}^2(r_2/s)}{\omega}\\&=3p\cdot\left(\frac{E_0}{\omega}\right)^2\cdot\frac{r_2/s\omega}{(r_2/s\omega)^2+l_2{}^2}\end{aligned} \tag{3.51}$$

上式より E_0/ω を一定に制御する場合，トルク T は電源の周波数 $f(=\omega/2\pi)$ に関係なく，**すべり角速度** $\omega_s(=s\omega)$ のみの関数になっていることがわかる．すなわち，角速度とトルクの関係は1次周波数を変化させても，その大きさ（特性の形状）は変化せず，トルク-速度特性が左右に移動するのみである（図 3.27）．したがって，周波数 f を可変することにより広範囲な制御が可能である．すべりが常に小さな状態で運転が可能なので高効率である．また，E_0/ω が一定であるのでギャップ鎖交磁束 $\Phi(=MI_0)$ が一定に保たれることになり，磁気飽和の問題も生じない．以上が V/f 制御の原理である．

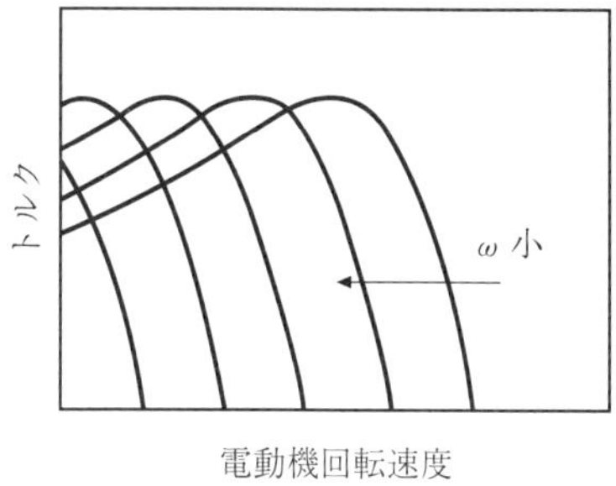

図 3.27　E_0/ω 一定制御における トルク-速度特性

ところで電源側の端子電圧 $\dot{V}_1$ を一定にした場合，$\dot{E}_0$ は $\dot{V}_1$ より1次電圧降下分 $(r_1+j\omega l_1)\dot{I}_1$ だけ電圧が低くなり，特に低周波ではこの電圧降下の影響が大きくなる．したがって，V_1/f 一定で制御を行った場合のトルク-速度特性は，図 3.28 のように周波数が低くなるとトルクが減少することになる．このため，特に低周波数域でのトルク特性を補正するために，1次電圧 V_1 を図 3.29 に示すようにバイアスして補正することがある．このようにすることにより，E_0/ω 一定

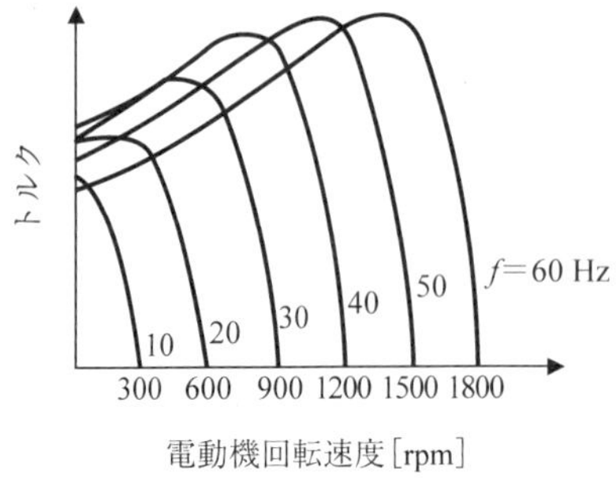

図 3.28　V_1/f 一定制御における
トルク-速度特性

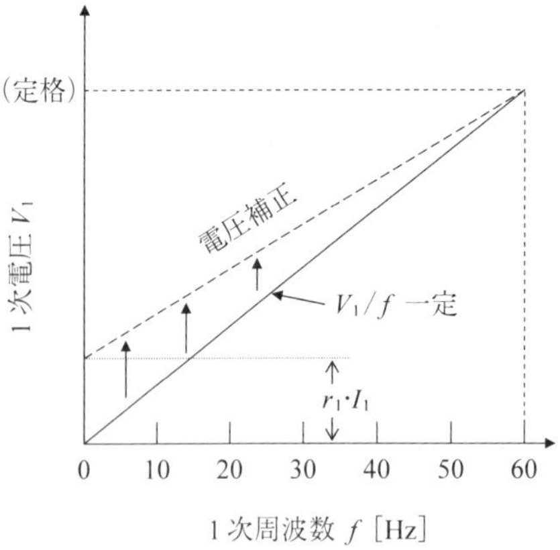

図 3.29　V_1/f 値の補正

に近いトルク特性が得られ，電動機が追従できる程度の変化率で角周波数を徐々に増減させれば，安定な可変速運転ができる．

2)　**ベクトル制御：**　ベクトル制御は，制御性のよい直流電動機の電機子電流制御の考え方を誘導電動機に適用するもので，1968年にK. Hasseによってその原理が提案され，1971年F. Blaschkeによって明確化された制御方式である．その原理を，図3.30を用いて説明する．はじめに直流電動機のトルク発生の原理は以下のとおりである（図3.30(a)）．回転子が存在する空間に直流励磁電流 I_f により直流磁界 Φ がつくられ，図に示す方向に電機子電流 I_a が流れると，I_a と Φ が直交するので次式で表されるトルクが発生する．

$$T = k\Phi I_a \quad (k：定数) \qquad (3.52)$$

Φ は一定であるので，I_a を制御することによって T を制御することができる．一方，誘導電動機の場合，図3.26の等価回路の1次電流 I_1 を，磁束 Φ_2（図3.30(b)）をつくる磁化電流成分 I_0 とトルク電流成分 I_2 に分解して考える．トルクは次式で表される．

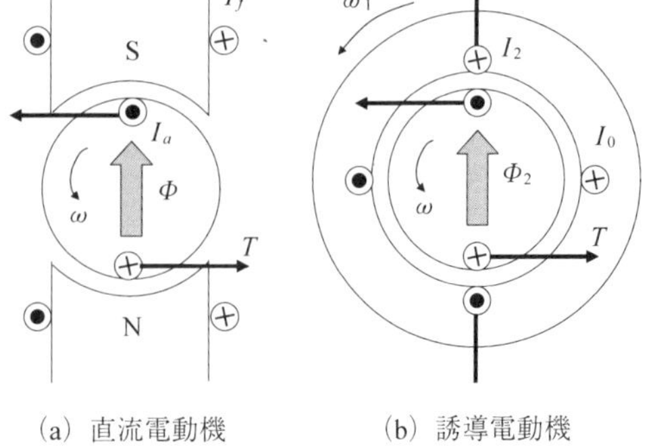

図 3.30　電動機のトルク発生原理

$$T = k\Phi_2 I_2 \quad (k：定数) \tag{3.53}$$

このように考えれば，直流電動機のトルク発生原理と同じになる．すなわち，I_0 を一定にして I_2 を独立に制御すれば，直流電動機と同様に応答性がよくなることがわかる．

上述のように，ベクトル制御は回転磁界を基準にして1次電流を，磁束をつくる励磁成分とこれに直角なトルク成分に分けて，これらを独立に制御するものである．実際には磁束の検出が困難なため，1次電圧や1次電流から磁束を推定する方法などがとられる．ここでは最も簡単なすべり周波数制御形ベクトル制御について述べる．図3.26の等価回路を巻数比を M/L_2 として2次側に換算した等価回路を考えると，図3.31が得られる．同図で，$L_2\dot{I}_0'$ は誘導機の2次磁束鎖交数 $\dot{\varphi}_2$ で，$\dot{E}_0'=j\omega\dot{\varphi}_2$ であるから，次式の関係が成り立つ．

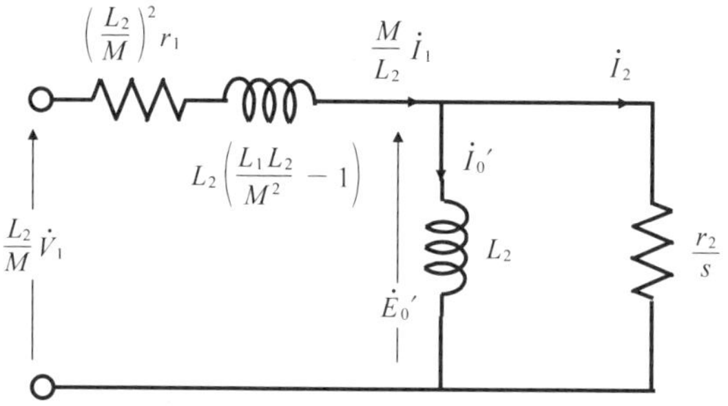

図 3.31　巻数比 M/L_2 として2次側に換算した等価回路

$$|\dot{E}_0'| = \omega|\dot{\varphi}_2| = L_2|\dot{I}_0'| = \frac{r_2}{s}|\dot{I}_2| \tag{3.54}$$

したがって，2次電流の大きさ，トルクおよびすべり周波数は以下のように求まる．

$$|\dot{I}_2| = \frac{|\dot{E}_0'|}{r_2/s} = \frac{|\dot{E}_0'|/\omega}{r_2/\omega_s} = \frac{|\dot{\varphi}_2|}{r_2}\omega_s \tag{3.55}$$

$$T = 3\frac{r_2}{\omega_s}|\dot{I}_2|^2 = 3|\dot{\varphi}_2|\cdot|\dot{I}_2| = 3L_2|\dot{I}_0'|\cdot|\dot{I}_2| \tag{3.56}$$

$$\omega_s = \omega - \omega_m = s\omega = \frac{r_2}{L_2}\cdot\frac{|\dot{I}_2|}{|\dot{I}_0'|} \tag{3.57}$$

ただし，$L_2=M+l_2$，ω_m：電気角に換算した機械回転角周波数

上式からも，トルクは2次磁束鎖交数と2次電流の積に比例し，$\dot{I}_0'$ および $\dot{I}_2$ を独立に制御すれば他励直流電動機と同じような即応性の高い制御が可能なことがわかる．また，$\dot{E}_0'$，$\dot{I}_1$，$\dot{I}_0'$，$\dot{I}_2$ および I_0' によりつくられる磁束 $\dot{\Phi}_2$ のベクトルの間に図3.32の関係があ

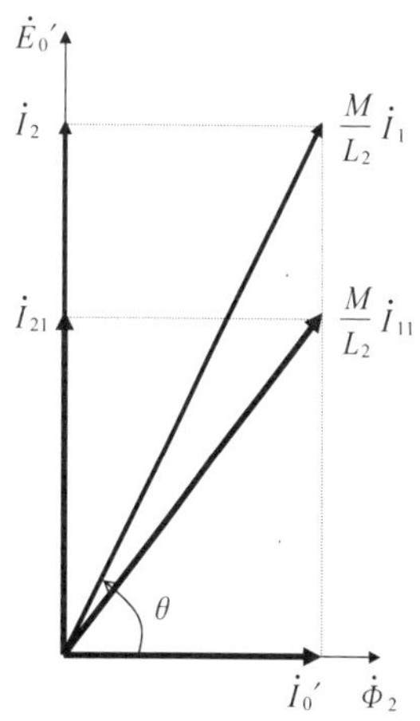

図 3.32　2次回路ベクトル図

り，$|\dot{I}_2|$ すなわちトルクの大きさを制御するには，1 次電流の大きさのみでなくその位相 θ（$\dot{\varphi}_2$ あるいは $\dot{I}_0'$ を基準とする）を制御する必要がある．図 3.32 のベクトル図は相対的な関係を表したものであり，実際の制御を行うには，$\dot{\varphi}_2$ の空間位相またはこれに相当する励磁電流の絶対的な位相 θ_0 が必要である．すべり周波数制御形ベクトル制御は，$\omega=\omega_m+\omega_s$ の関係を利用して，式（3.57）で与えられる ω_s と検出した ω_m の和 ω を積分して θ_0 を算出し，これを基準に 1 次電流のベクトル制御を行う．回転速度を検出するにはエンコーダなどの速度センサも必要となる．

3.3　単相誘導電動機

単相誘導電動機は単相交流電源で駆動される誘導電動機で，通常，数 W から 400 W 程度の小容量のものが多い．この誘導電動機の回転子にはかご形回転子が用いられ，固定子は主巻線と始動巻線または補助巻線で構成されている．

固定子に主巻線しか存在しない電動機は，純単相誘導電動機とよばれる．これに交流電圧を印加しても自始動できない．したがって自始動できるように始動巻線が必要となり，主巻線と位相の異なる電圧を印加することにより回転磁界を発生させる工夫がなされている．

3.3.1　純単相誘導電動機

図 3.33 に示す主巻線 M のみをもつ誘導電動機を考える．この巻線に交流電圧 $\dot{V}_M$ を印加した場合，3.1.2 項で述べたように交番磁界が生じ，お互いに逆方向に回転する 2 つの回転磁界が生じる．たとえば時計方向に回転する回転磁界 Φ_M の同期速度を n_s とする．反時計方向に回転する回転磁界 Φ_M' の同期速度は，$-n_s$ となる．いま，回転子が時計方向に n［rps］で回転しているとする．このとき回転磁界 Φ_M に対して回転子のすべりは $s=(n_s-n)/n_s$ となるが，回転磁界 Φ_M' に対しては，回転子のすべりは $s'=(-n_s-n)/(-n_s)=2-s$ となる．回

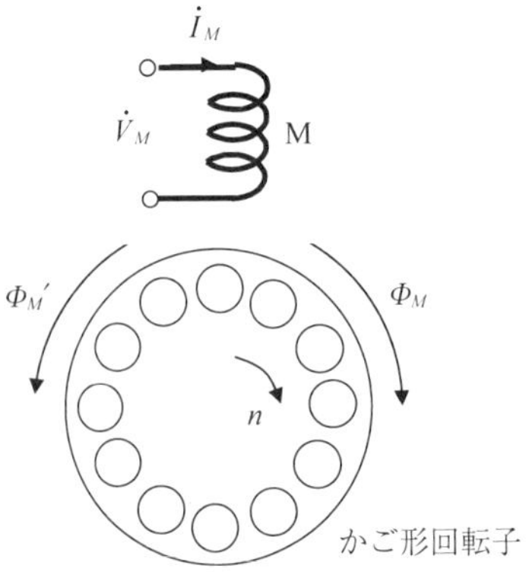

図 3.33　純単相誘導電動機

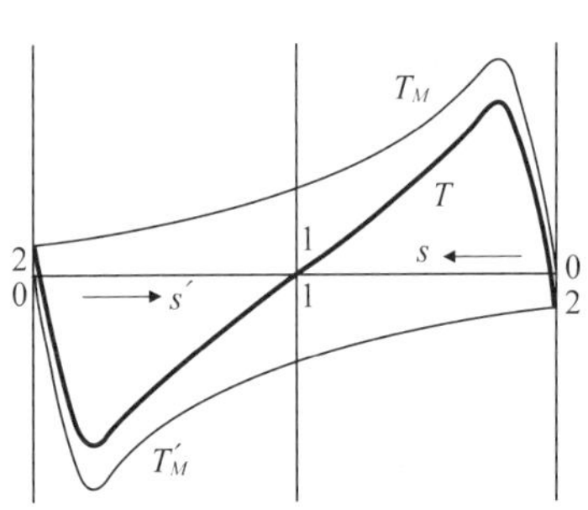

図 3.34　純単相誘導電動機のトルク-すべり特性

転磁界 Φ_M によって回転子には時計方向のトルクが生じて，その速度-トルク特性は図 3.34 の T_M のようになり，回転磁界 Φ'_M によるトルクは逆方向に生じるので，その速度-トルク特性は同図の T'_M のようになる．したがって図 3.33 のような単相誘導電動機の速度-トルク特性は，T_M と T'_M を合成した図 3.34 の T のようになる．始動時すなわち $s=1$ においては $T=0$ となるから，この単相誘導電動機は始動することができない．しかし，時計方向あるいは反時計方向のどちらかに回転させれば，そのどちらかの方向に回転するトルクが生ずるので，その方向に回転を継続する．

3.3.2　各種単相誘導電動機

純単相誘導電動機には自始動できるような始動装置が必要である．これには始動巻線を設け，主巻線と位相の異なる電圧を印加するようにして回転磁界をつくるのが普通である．すなわち，単相誘導電動機は始動方法によって区分され，コンデンサモータやくま取りコイル形誘導電動機などがある．

a. コンデンサモータ　図 3.35(a) に示すように，固定子主巻線 M と電気角で直角の位置に補助巻線（始動巻線）A を設け，この補助巻線に直列にコンデンサを接続する．主巻線と補助巻線に流れる電流 $\dot{I}_M$，$\dot{I}_A$ は次式で与えられる．

$$\dot{I}_M=\frac{\dot{V}}{R+jX_L}$$

$$\dot{I}_A=\frac{\dot{V}}{R+j(X_L-X_C)} \tag{3.58}$$

$X_C>X_L$ の場合 $\dot{I}_M$，$\dot{I}_A$ のベクトル図は図 3.35(b) のようになり，$\dot{I}_M$ と $\dot{I}_A$ との間に位相差 θ を生じる．したがって回転磁界が生じ，始動または運転を行うことが可能になる．このような単相誘導電動機を総称してコンデンサモータとよぶ．これには，①コンデンサ始動形モータ，②永久コンデンサモータ，③二値コンデンサモータの 3 種類がある．

b. くま取りコイル形誘導電動機　図 3.36 に示すように，固定子巻線を磁

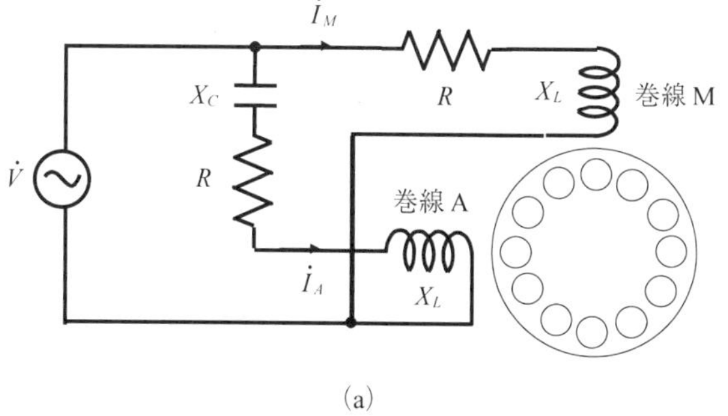

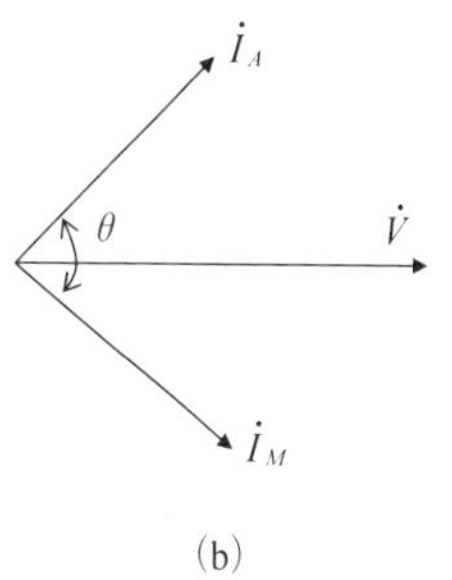

図 3.35　コンデンサモータ

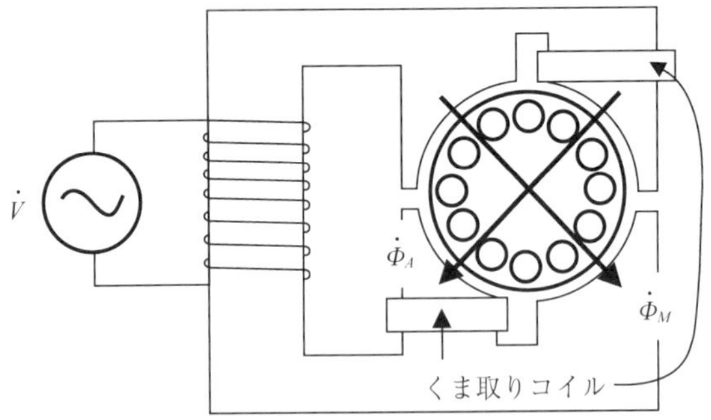

図 3.36 くま取りコイル形誘導電動機

極鉄心に集中して巻き，固定子の表面は突極構造になっており，突極の一部にくま取りコイル（短絡コイル）を設置した構造になっている．くま取りコイルのある磁極を通る磁束 $\dot{\Phi}_A$ は，くま取りコイルに短絡電流が流れてその磁束の変化が妨げられるなり，主磁束 $\dot{\Phi}_M$ より時間的に遅れて変化する．したがって，ギャップに沿って $\dot{\Phi}_M$ から $\dot{\Phi}_A$ の方向へ磁束が移動するので，移動磁界ができ始動トルクが発生する．

くま取りコイル形誘導電動機は始動トルクが小さく，くま取りコイルの銅損のため効率もかなり低い．しかし構造が簡単堅固で，かつ安価であるので，数十W 以下の電動機として多数使用されている．

文 献

1) 後藤“電機概論”，丸善（1961）．
2) 宮入“大学講義 最新電気機器学 改訂増補版”，丸善（1979）．
3) 松井編“インターユニバーシティ 電気機器学”，オーム社（2000）．
4) 森安“実用電気機器学”，森北出版（2000）．
5) エレクトリックマシーン & パワーエレクトロニクス編纂委員会編“エレクトリックマシーン & パワーエレクトロニクス”，森北出版（2004）．

演 習 問 題

3.1 4 極，50 Hz の三相誘導電動機が 1450 rpm で回転しているとき，次の値を求めよ．

(1) 同期速度［rpm］ (2) すべり (3) 2 次起電力の周波数

(4) 電源の b 相と c 相とを入れかえた直後のすべり

3.2 2 kW，200 V，4 極，50 Hz の定格のかご形三相誘導電動機がある．この電動機の等価回路定数を求めよ．ただし，固定子巻線は Y 結線で，基準巻線温度を 75°C とし，試験結果は以下の通りであった．

抵抗測定試験：$R_0=0.9871$［Ω］（$t=20$°C）

無負荷試験：定格電圧を印加して無負荷運転したところ

入力電流：3.9 A，入力：340 W

なお，機械損は 90 W（三相全体）とする．

拘束試験：回転子を拘束して 40 V，50 Hz の平衡三相電圧を印加したところ
入力電流：9 A，入力 300 W

● 3.3　問題 3.2 の誘導電動機がすべり 4% で運転されているとき，(1) 出力，(2) 発生トルクを求めよ．なお，機械損は無視し，図 3.15 (b) の簡易等価回路で表されるものとする．

● 3.4　定格出力が 7.5 kW の三相誘導電動機が，全負荷運転しているときの 2 次抵抗損が 300 kW であった．このときのすべりを求めよ．また，この電動機の効率が 85% とする．1 次入力，2 次入力，2 次効率を求めよ．

● 3.5　4 極，50 Hz の三相巻線形誘導電動機がある．トルクを変化しないで，全負荷回転数 1440 rpm から回転速度を 1200 rpm に低下させたい．2 次回路に入れる抵抗値を求めよ．ただし 2 次側は三相 Y 結線で，各相の抵抗値を r_2 [Ω] とする．

● 3.6　200 V，50 Hz，1.4 kW の 4 極三相誘導電動機の全負荷効率が 80%，全負荷力率が 79% であった．全負荷入力，全負荷 1 次電流を求めよ．

● 3.7　図 3.35 において，電流 $\dot{I}_A$ と $\dot{I}_M$ の位相差が 90° になる条件を求めよ．

● 3.8　次の次項を説明せよ．
(1) 同期速度　(2) すべり　(3) すべり周波数　(4) 交番磁界

● 3.9　直流および単相電源から回転磁界を発生させる方法について，参考文献などを調べて簡単に説明せよ．

● 3.10　誘導電動機の速度制御方式にはどのような方法があるか．それぞれの方法について簡単にまとめ，それらの特徴を述べよ．

コ　ラ　ム

● テスラ――誘導電動機の発明者 ●

誘導電動機を発明したのは，ニコラ・テスラ（Nikola Tesla：1856-1943）である．彼は 1857 年にクロアチアで生まれ，グラーツ工業学校とプラハ大学で学び，ブダペストの電信局に勤めた．1884 年にアメリカに渡り，エジソン会社に勤務した後，独立した．1887 年に交流発電機による電力輸送と誘導電動機に関する特許を出願した．また，テスラコイルで知られる変圧器も発明し，交流技術を完成させた．ところでこの誘導電動機は，現在主流の三相誘導電動機ではなく，二相交流誘導電動機であった．また，テスラの名は磁束密度の単位となっている．

$$1\ [\mathrm{T}] = 1\ \left[\frac{\mathrm{Wb}}{\mathrm{m}^2}\right] = 10^4\ [\mathrm{gauss}]$$

● 「直流送電―交流送電」戦争 ●

1890 年頃，ヨーロッパやアメリカで，「電力システムは直流と交流のどちらがよいか」が問題となった．当時，電力の主な利用は白熱灯（照明）と直流電動機（動力）だったが，交流の電動機はいまだなかった．エジソン（Edison：1847～1931）たちは照明が安定することや直流電動機の起動力が大きいという理由で直流送電を主張し，テスラらは電圧を変えて効率よく電力を送られることなどから

交流を主張した．また，交流で駆動する電動機がないなら作ればよいと考え，誘導電動機を発明した（1889年）．直流を主張するエジソンと交流を主張するテスラは激しく争った．ウェスティングハウス社はテスラの特許を買収し，ナイアガラ水力発電所を成功させ，交流の優位が決定的となった．なお，エジソンの研究を支援するために1878年に設立された会社が，後にゼネラルエレクトリック社へと発展した．

第4章 同　　期　　機

同期機は，負荷の大小に関係なく定常運転状態において常に同期速度で回転する交流機で，**同期発電機**と**同期電動機**がある.

同期発電機は，大容量機が火力発電所や原子力発電所などのタービン発電機，水力発電所の水車発電機，また小・中容量機が非常用や土木工事用，自家発電用などのディーゼル発電機として，それぞれ多用されている.

同期電動機は，誘導電動機に比べて構造が大きく価格も高価であるが，高効率・高力率の運転ができることから，大容量機が産業用大型機械などの駆動に用いられている．小容量機も，高性能な希土類永久磁石の出現によって永久磁石形の同期電動機が多数製作されており，最近は電気自動車用の電動機までもその応用が拡大してきている.

本章では，同期機の多くが三相機であることから，三相同期発電機および三相同期電動機のそれぞれの原理，構造，特性などについて学ぶことにする.

4.1　三相同期発電機の原理

本節では，図 4.1(a) に示すような界磁の構造が**突極形**，界磁が回転する**回転界磁形**で，電機子巻線を全節・集中巻，界磁の極数を 2 極とした**三相同期発電機**において，その原理を述べる.

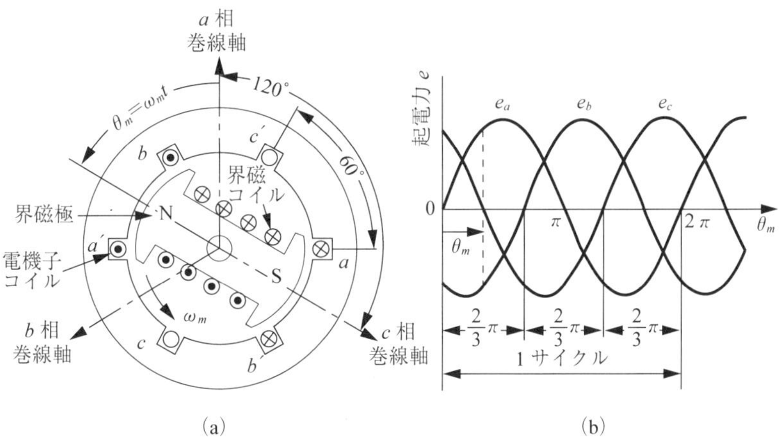

図 4.1　三相同期発電機の原理

4.1.1　三相交流起電力の発生

図4.1(a) は，電機子鉄心に空間的に60°の等間隔で6個のスロットが設けられており，これらのスロット内には巻数の等しい3つの電機子コイル aa'（a 相），bb'（b 相），cc'（c 相）が互いに空間的に120°の間隔で配置されている．

いま，界磁鉄心に巻かれた界磁コイルを流れる直流電流によって，ギャップに磁束密度分布が正弦波状の磁束（N，S極）が生じたとする．この磁束は界磁が回転しているために電機子コイルを横切る，または電機子コイルと鎖交する磁束が時間的に変化することになり，3つの電機子コイルには1.2節および1.3節で述べたフレミングの右手の法則またはファラデーの法則に従い，図4.1(b) に示すような三相交流起電力 e_a，e_b，e_c が誘導する．これらの起電力の波形は，ギャップの磁束密度分布を正弦波状としているために正弦波となり，また3つの電機子コイルが互いに空間的に120°の間隔で配置されているため，時間的に互いに120°の位相差をもつ．これが三相同期発電機の原理である．なお，永久磁石同期発電機の場合は，図4.1(a) の界磁が永久磁石で構成されている．

4.1.2　極数と回転速度と周波数の関係

図4.1の2極機では，回転子（界磁）が1回転すると誘導起電力が1サイクルする．一方，図4.2の4極機では，回転子が1回転すると誘導起電力が2サイクルする．**電気角** θ は1サイクルを 2π [rad]（360°）と定義していることから，4極機においては回転子の1回転が電気角 θ で 4π [rad] となる．したがって，**機械角** θ_m と電気角 θ の関係は，P 極機において次式が成り立つ．

$$\theta=\frac{P}{2}\theta_m \text{ [rad]} \tag{4.1}$$

1秒あたりのサイクル数を周波数 f [Hz] といい，f サイクルの角度は電気角で $\theta=2\pi f$ [rad] である．また，回転子の毎秒回転数を n_s [s^{-1}] とすれば，回転子が n_s 回転することによって進んだ角度は機械角で $\theta_m=2\pi n_s$ [rad] であ

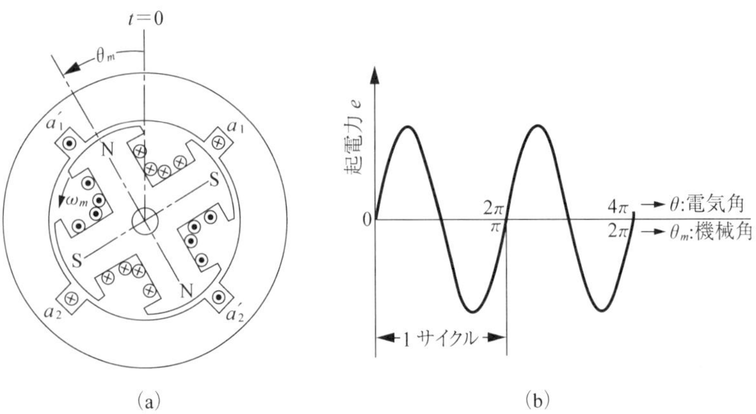

図 4.2　4極同期発電機と周波数

る．これらの関係を式（4.1）に代入すると，極数 P と回転数 n_s と周波数 f の関係は次式のようになる．

$$f=\frac{P}{2}n_s\ [\mathrm{Hz}] \quad または \quad n_s=\frac{2f}{P}\ [\mathrm{s^{-1}}] \tag{4.2}$$

n_s を**同期速度**とよび，同期機では回転子の回転数および回転磁界（後述の電機子反作用磁界）の回転数をそれぞれ意味する．

電気角速度（角周波数）$\omega=2\pi f$ [rad/s] と機械角速度 $\omega_m=2\pi n_s$ [rad/s] の関係は，

$$\omega=\frac{P}{2}\omega_m\ [\mathrm{rad/s}] \tag{4.3}$$

となる．

わが国の標準周波数は 50 Hz および 60 Hz であるから，同期発電機も一般にこの周波数に製作される．

三相同期発電機の極数は，火力発電所や原子力発電所のタービン発電機では，効率などの面で高速度が有利なことからほとんどが 2 極に設計されている．一方，水力発電所の水車発電機は，水車が低速度のために数十の極数に設計されている．

4.2　三相電機子巻線の誘導起電力

4.2.1　集中巻の場合の誘導起電力

図 4.3 は，図 4.1(a) の展開図である．ただし b 相，c 相電機子コイルと界磁コイルおよび固定子鉄心の構造の図示は省略してある．ここで，τ [m] はコイルピッチで磁極ピッチに等しく，l [m] はコイル辺の有効長，ω（$=2\pi f$）

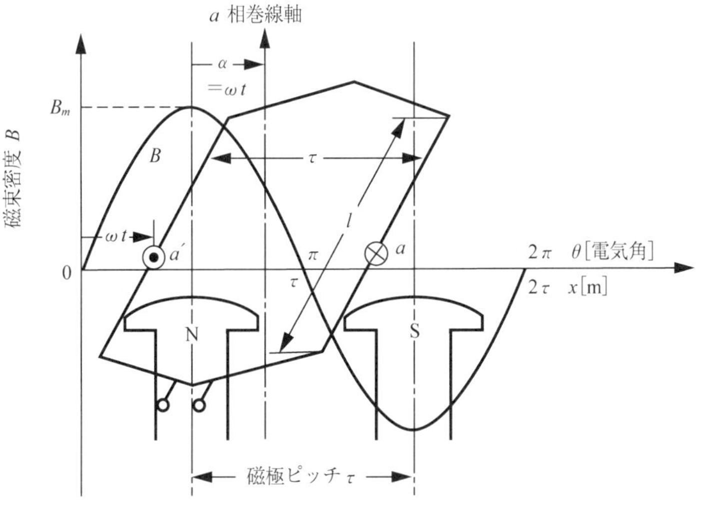

図 4.3　ギャップ磁束密度分布と全節巻コイルの相対運動

[rad/s] は電気角で表した界磁の回転角速度，B_m [T] はギャップの磁束密度の分布を正弦波としたときの最大値，N 極，S 極は界磁極である．

ここでは，図 4.3 に示すようなコイルピッチが磁極ピッチに等しい全節巻で，集中巻の電機子コイルに誘導する起電力をファラデーの法則に従って求めてみる．いま，a 相の電機子巻線の巻線軸が界磁巻電の巻線軸（磁極の中心軸）と一致した瞬間を時間 t [s] の原点（$t=0$）にとれば，a 相電機子コイルと鎖交する磁束は $\omega t=0$ のとき最大で，$\omega t=90°$ のとき零となる．ここで，Φ を電機子コイルと鎖交する磁束の最大値とすれば，a 相，b 相，c 相電機子コイルと鎖交する磁束の瞬時値 ϕ_a，ϕ_b，ϕ_c は

$$\left.\begin{aligned}\phi_a&=\Phi\cos\omega t\ \text{[Wb]}\\ \phi_b&=\Phi\cos(\omega t-120°)\ \text{[Wb]}\\ \phi_c&=\Phi\cos(\omega t-240°)\ \text{[Wb]}\end{aligned}\right\}\tag{4.4}$$

で表すことができる．ただし，Φ の値は

$$\Phi=l\int_0^{\tau}B_m\sin\frac{\pi}{\tau}xdx=\frac{2}{\pi}\tau lB_m\ \text{[Wb]}\tag{4.5}$$

となり，これは毎極のギャップ磁束を意味している．

したがって，w を 1 個のコイルの巻数とすれば，各相の電機子コイルに誘導する起電力の瞬時値 e_a，e_b，e_c は次式のように求まる．

$$\left.\begin{aligned}e_a&=-w\frac{d}{dt}\phi_a=\sqrt{2}E'\sin\omega t\ \text{[V]}\\ e_b&=-w\frac{d}{dt}\phi_b=\sqrt{2}E'\sin(\omega t-120°)\ \text{[V]}\\ e_c&=-w\frac{d}{dt}\phi_c=\sqrt{2}E'\sin(\omega t-240°)\ \text{[V]}\end{aligned}\right\}\tag{4.6}$$

ただし，E' は誘導起電力の実効値で

$$E'=\frac{\omega w\Phi}{\sqrt{2}}=\frac{2\pi fw\Phi}{\sqrt{2}}=4.44wf\Phi\ \text{[V]}\tag{4.7}$$

となる．

一相の電機子巻線は，巻数 w のコイルが P（P：極数）個直列に接続されて構成されており，その直列巻数を W（$=wP$）とすれば，一相の電機子巻線に誘導する起電力の実効値 E は

$$E=4.44Wf\Phi\ \text{[V]}\tag{4.8}$$

となる．ここで，三相の電機子巻線の結線がたとえば星形（Y）結線の場合，端子間の誘導起電力は $\sqrt{3}E$ [V] となる．なお式（4.8）は，変圧器の 1 次，2 次巻線および誘導機の固定子巻線に誘導する起電力の実効値と同じ形式である．

4.2.2　分布巻の場合の誘導起電力

同期発電機の電機子誘導起電力の波形は，その高調波成分による負荷への悪影

響を考えると，正弦波形であることが望ましい．界磁の突極形また円筒形を問わず，界磁極がつくるギャップの磁束密度分布は台形状となるため，電機子コイルが集中巻の場合は誘導起電力がひずみ波となる．したがって実際の同期機や誘導機では，できるだけ正弦波に近づけるため，かつ電機子鉄心の周辺の有効利用やコイル端の銅量の節約も兼ねて，電機子巻線（固定子巻線）は**分布巻**および**短節巻**が採用されている．さらに，スロットリプルの減少を図るため，電機子鉄心または回転子鉄心に**スキュー（斜めスロット）**が施される場合もある．

毎極毎相の電機子コイルを複数個のスロットに分布して収める巻き方を分布巻という．以下，図 4.4(a) のように，電機子コイルが 3 個のスロット（$q=3$，q：毎極毎相のスロット数）に分布して巻かれているときの誘導起電力について，具体的に考えてみよう．この分布巻にすると，3 個のコイル a_1a_1'，a_2a_2'，a_3a_3' のそれぞれに誘導する起電力の基本波成分 e_{a1}，e_{a2}，e_{a3} は，図 4.4(b) のように，互いがスロットの間隔に等しい電気角で $\alpha=20°$ の位相差をもつことになる．したがって，これらのコイルを直列に接続した a 相電機子コイルの起電力 e_a は，図 4.4(b) のようにこれら起電力のベクトル和（$\dot{e}_a=\dot{e}_{a1}+\dot{e}_{a2}+\dot{e}_{a3}$）で得られる．ここで，ベクトルの外接円の半径を r とすれば，集中巻にした場合の誘導起電力 $3e$（e：1 個のコイルの誘導起電力）に対する 3 スロット分布巻にした場合の誘導起電力 e_a の比は，

$$K_d=\frac{e_a}{qe}=\frac{2r\sin(q\alpha/2)}{q\cdot 2r\sin(\alpha/2)}$$

より

$$K_d=\frac{e_a}{3e}=\frac{\sin(3\times 10°)}{3\sin 10°}=0.9598$$

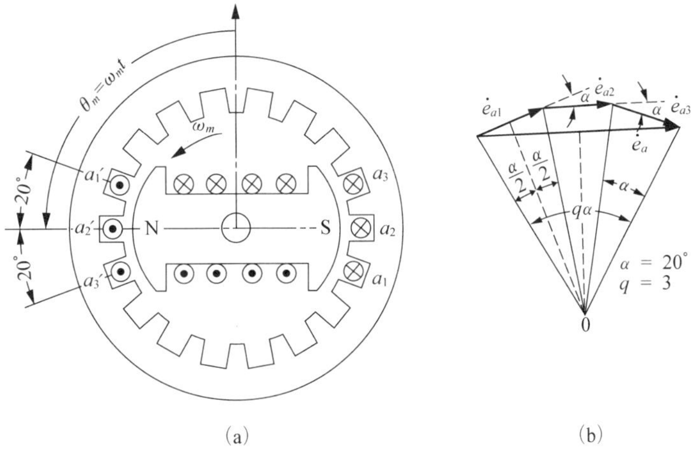

図 4.4　分布巻係数の求め方

となる．この K_d を**分布巻係数**とよぶ．

一般に，電機子巻線の相数を m，毎極毎相のスロット数を q とすれば，磁束分布の第 ν 次空間調波に対する分布巻係数 $K_{d\nu}$ は次式で表される．

$$K_{d\nu}=\frac{\sin(\nu\pi/2m)}{q\sin(\nu\pi/2mq)} \tag{4.9}$$

ただし，$\nu=(2n-1), n=1,2,3,\cdots\cdots$.

4.2.3　短節巻の場合の誘導起電力

図4.5(a) のように，コイルのピッチ（$\beta\pi$，β：磁極ピッチに対するコイルピッチの比）を磁極ピッチ（π）よりも短く巻く巻き方を短節巻という．以下，電機子コイルのコイルピッチがたとえば磁極ピッチの 2/3 倍の短節巻に巻かれているときの誘導起電力について，具体的に考えてみよう．この短節巻によると，図4.5(b) のように，コイル辺 a の誘導起電力 $e(a)$ とコイル辺 a' の誘導起電力 $e(a')$ との間には，電気角で 60° の位相差を生じる．したがってコイル aa' の誘導起電力 $e(aa')$ は，これら起電力のベクトル和（$\dot{e}(aa')=\dot{e}(a)+\dot{e}(a')$）で得られることになる．

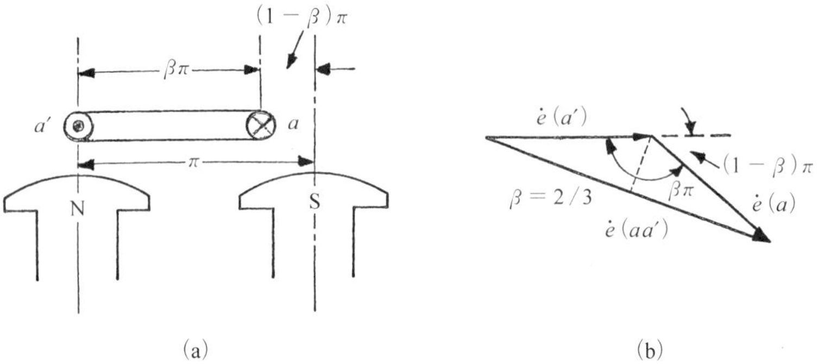

図 4.5　短節巻係数の求め方

全節巻の場合の誘導起電力は $\dot{e}(a)$ と $\dot{e}(a')$ の算術和となるので，全節巻の場合の誘導起電力に対する $\beta=2/3$ の短節巻にした場合の誘導起電力 $e(aa')$ の比は，

$$K_p=\frac{e(aa')}{e(a)+e(a')}=\sin\frac{\beta\pi}{2}$$

より

$$K_p=\sin\frac{(2/3)\pi}{2}=\sin 60°=0.866$$

となる．この K_p を**短節巻係数**とよぶ．

一般に，磁束分布の第 ν 次空間調波に対する短節巻係数 $K_{p\nu}$ は次式で表される．

$$K_{p\nu}=\sin\frac{\nu\beta\pi}{2} \qquad (4.10)$$

4.2.4　分布短節巻の場合の誘導起電力

実際の同期機や誘導機では，分布巻で短節巻が通常用いられる．この場合の誘導起電力は，集中巻で全節巻の場合における式（4.8）の誘導起電力に比べて，K_d と K_p を乗じた $K_w=K_dK_p$ 倍に減少し，次のように表される．

$$E=4.44K_dK_pWf\Phi=4.44K_wWf\Phi\ [\mathrm{V}] \qquad (4.11)$$

ここで，K_w を**巻線係数**とよび，K_wW を**実効巻数**または**有効巻数**という．なお，鉄心に斜めスロットが施されている場合には，誘導起電力が式（4.11）よりも多少減少する．

4.3　三相同期機の構造

同期機には，回転部の形態から**回転電機子形**と**回転界磁形**，界磁極の構造から**突極形回転子**と**円筒形回転子**があり，突極形回転子をもつ機械を**突極機**，円筒形回転子をもつ機械を**非突極機**とそれぞれよんでいる．同期機のほとんどは製作の容易さから回転界磁形に作られている．

水車発電機は，原動機の水車が比較的低速であるために界磁の極数を多くする必要があり，その製作の容易さ，また冷却の容易さなどから回転子が突出した磁極構造，すなわち突極形回転子に作られている．

火力発電や原子力発電，工場の自家発電などの原動機には，蒸気タービンまたはガスタービンが用いられる．この場合，タービンは効率などの面から高速運転が有利であるため，**タービン発電機**には機械的強度を大きく製作することができる円筒形回転子，しかも遠心力を小さくするために直径が小さく，軸方向に細長くした構造の 2 極の回転子が主として用いられている．

非常用電源，土木工事用機械の電力源などとして用いられる**エンジン発電機**は，原動機のほとんどがディーゼルエンジンであり，発電機には 2 極や 4 極の突極機が主として採用されている．

図 4.6 は突極形回転子の全体構造で，図 4.7 にはその界磁極の構造を示す．回転子は，突出しの磁極鉄心の側面に界磁コイルが巻かれており，頭部に乱調防止のための制動巻線がスロット内に収められている．図 4.8 は円筒形回転子の構造を示す．回転子は，普通磁極鉄心，継鉄および軸を強度の大きい特殊鋼で一体に製作され，鉄心の周辺に設けられたスロット内に界磁コイルが収められている．

4.4　三相同期発電機の特性

4.4.1　電 機 子 反 作 用

三相同期機は，発電機，電動機を問わず電機子巻線に平衡三相交流電流が流れ

図 4.6 突極形回転子の構造
(写真提供：株式会社 東芝)

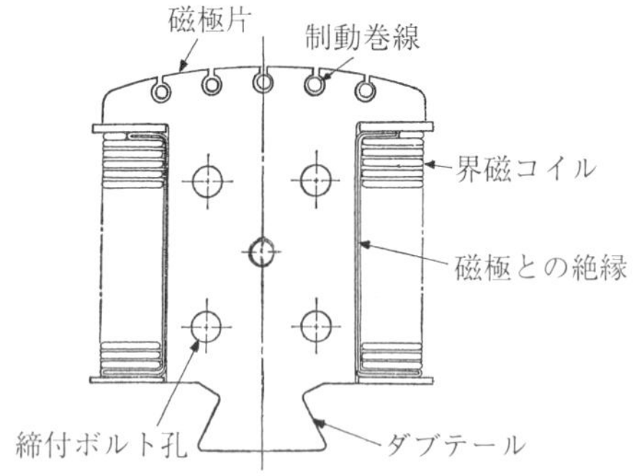

図 4.7 突極形回転子の磁極と界磁コイルの例

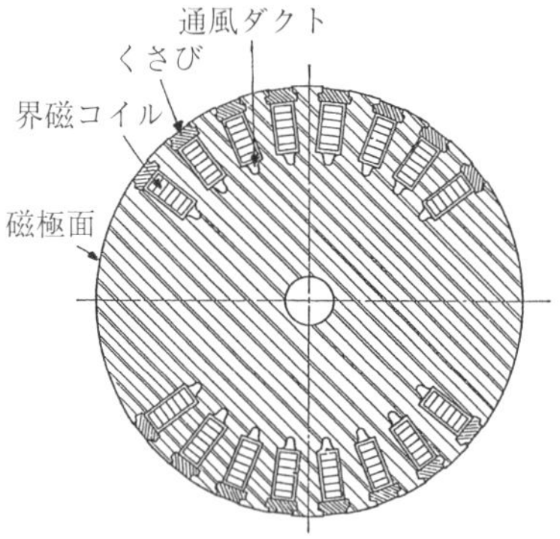

図 4.8 円筒形回転子の構造

ると，三相誘導電動機と同様の回転磁界を生ずる．この回転磁界は界磁極と常に一定の関係位置を保ちながら同期速度で回転し，その大部分は直接界磁の起磁力に影響を及ぼして電機子誘導起電力を変化させる．この作用を**電機子反作用**とよぶ．なお，回転磁界の一部は電機子巻線だけと鎖交する磁束をつくり，電機子巻線にわずかの起電力を誘導する．この起電力は，**電機子漏れリアクタンス**による電圧降下として取り扱う．

電機子反作用をもたらす電機子起磁力の空間基本波成分の最大値 F_a は，3.1.3 項（p.38）の三相誘導電動機における固定子起磁力の空間基本波成分の式 (3.12) および (3.13) と同じで，次式で表され，電機子電流 I の大きさに比例する．

$$F_a=\frac{3}{2}\cdot\frac{4}{\pi}\cdot\frac{KW}{P}\sqrt{2}\,I\ [\mathrm{AT}] \tag{4.12}$$

ここで，W は電機子巻線一相の直列巻数，K_w は巻線係数，P は極数，I [A] は実効値である．

三相同期機の電機子反作用は電機子電流の大きさだけでなく，誘導起電力と電機子電流の位相関係によっても著しく異なる．以下，これについて説明する．

a. 電機子電流と無負荷誘導起電力が同相の場合　図 4.9 は，三相同期発電機における電機子反作用の説明図である．ここでは，無負荷誘導起電力の空間ベクトル $\dot{E}_0$ および電機子電流の空間ベクトル $\dot{I}$ を，ある瞬時においてそれぞれが最大値となっているコイルの巻線軸方向に右ねじ系にとっている．

$\dot{I}$ が $\dot{E}_0$ と同相の場合は，図 4.9(a) のように，三相電機子電流による起磁力（電機子反作用起磁力）の空間基本波成分 $\dot{F}_a$ は，界磁起磁力の空間基本波成分 $\dot{F}_f$ と電気角で $\pi/2$ ほど位相差を生ずる．すなわち，界磁に対して**交差磁化作用**を及ぼし，$\dot{F}_f$ と $\dot{F}_a$ の合成起磁力は $\dot{F}$ となって，磁束分布が偏位する．突極機の場合は，界磁の磁極片で磁気飽和を生じて界磁磁束が減少し，誘導起電力 $\dot{E}$（実際に電機子巻線に誘導される起電力）は $\dot{E}_0$ よりもわずかに減少する．

b. 電機子電流が無負荷誘導起電力より π/2 遅れている場合　$\dot{I}$ が $\dot{E}_0$ より $\pi/2$ 遅れている場合は，図 4.9(b) のように $\dot{F}_a$ は $\dot{F}_f$ と π だけ位相差を生ずるので，$\dot{F}_a$ は**減磁作用**をして，$\dot{F}$ は $\dot{F}_f$ より小さくなる．したがって，$\dot{F}$ による誘導起電力 $\dot{E}$ は $\dot{E}_0$ より減少する．

c. 電機子電流が無負荷誘導起電力より π/2 進んでいる場合　$\dot{I}$ が $\dot{E}_0$

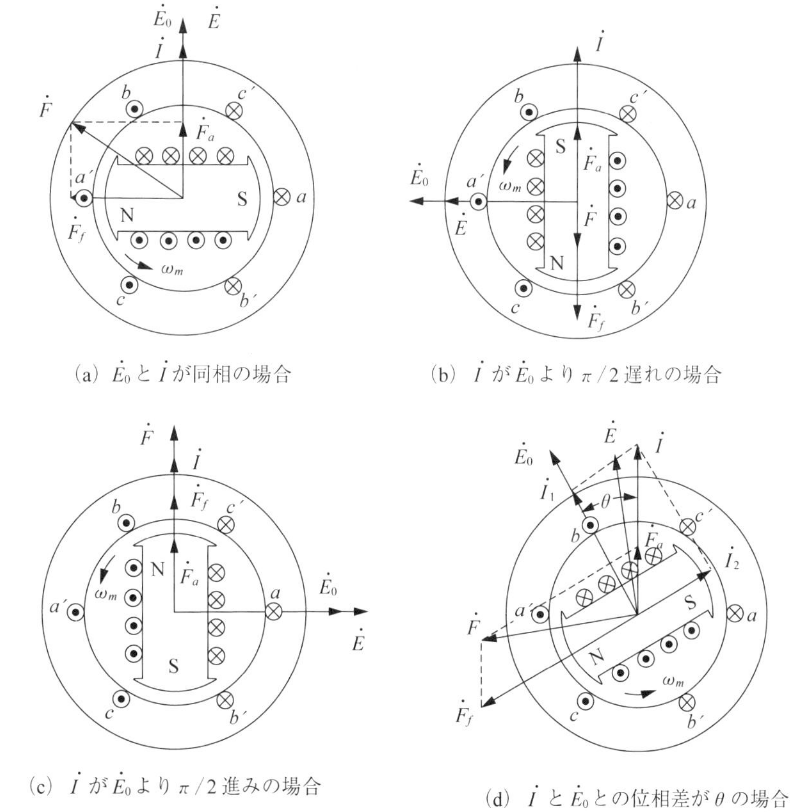

(a) $\dot{E}_0$ と $\dot{I}$ が同相の場合
(b) $\dot{I}$ が $\dot{E}_0$ より $\pi/2$ 遅れの場合
(c) $\dot{I}$ が $\dot{E}_0$ より $\pi/2$ 進みの場合
(d) $\dot{I}$ と $\dot{E}_0$ との位相差が θ の場合

図 4.9　三相同期発電機の電機子反作用

より $\pi/2$ 進んでいる場合は，図 4.9(c) のように，$\dot{F}_a$ は $\dot{F}_f$ と同相になり，$\dot{F}_a$ は**磁化作用**をして，$\dot{F}$ は $\dot{F}_f$ より大きくなる．したがって，$\dot{F}$ による誘導起電力 $\dot{E}$ は $\dot{E}_0$ より増大する．

d. 電機子電流と無負荷誘導起電力との位相差が θ の場合　一般に，$\dot{E}_0$ と $\dot{I}$ の位相差 θ は $\pi/2$ よりも小さな角をもつ．この場合，$\dot{I}$ が $\dot{E}_0$ より θ 遅れているときと，θ 進んでいるときとが考えられる．

図 4.9(d) のように $\dot{I}$ が $\dot{E}_0$ より θ 遅れているときには，$\dot{E}_0$ に対する $\dot{I}$ の同相成分 $\dot{I}_1$（$I_1=I\cos\theta$）は交差磁化作用，その直角成分 $\dot{I}_2$（$I_2=I\sin\theta$）は減磁作用をそれぞれ行い，両作用を同時に受けて，$\dot{F}$ による誘導起電力 $\dot{E}$ は $\dot{E}_0$ より減少する．

$\dot{I}$ が $\dot{E}_0$ より θ 進んでいるときには，$\dot{E}_0$ に対する $\dot{I}$ の同相成分 $\dot{I}_1$ は交差磁化作用，その直角成分 $\dot{I}_2$ は磁化作用をそれぞれ行い，両作用を同時に受けて，$\dot{F}$ による誘導起電力 $\dot{E}$ は $\dot{E}_0$ より増大する．

e. ベクトル図と同期リアクタンス　図 4.10 の空間ベクトル図において，線分 $\bar{F}_f$，$\bar{F}_a$，$\bar{F}$ で形成される三角形と線分 $\bar{E}_0$，$\bar{E}_a$，$\bar{E}$ で形成される三角形とは，$E_0\propto F_f$，$E\propto F$ であるから相似形である．また，線分 $\bar{F}_a$ は線分 $\bar{I}$ と同じ方向であるから，線分 $\bar{E}_a$ は線分 $\bar{I}$ に対して垂直である．したがって，$\dot{E}_a$ は電機子反作用起磁力 $\dot{F}_a$ による誘導起電力とみなすことができる．$\dot{F}_a$ は $\dot{I}$ に比例するので，$\dot{E}_a$ も $\dot{I}$ に比例することになる．そこで，$\bar{E}_a\perp\bar{I}$，$E_a\propto I$ であることから，線分 $\bar{E}_a$ は等価的に電機子電流によるリアクタンス降下として表すことができる．すなわち，

$$\dot{E}_0-\dot{E}=jx_a\dot{I}\ \ [\mathrm{V}] \qquad (4.13)$$

ここで，x_a を**電機子反作用リアクタンス**とよぶ．

前述した規約のように空間ベクトルを表示するとき，ある瞬時に時間を固定し

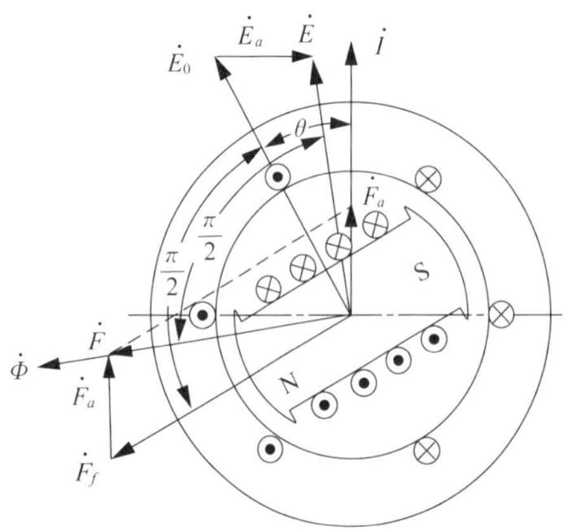

図 4.10　同期発電機の空間ベクトル図

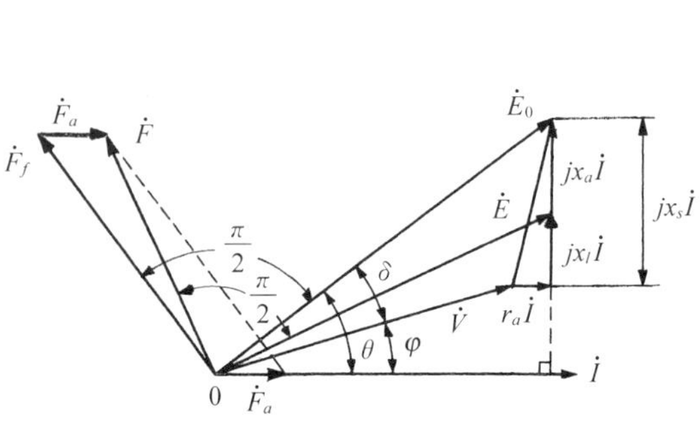

図 4.11　同期発電機の時間ベクトル図

て描いた空間ベクトルは，そのまま空間的に固定した任意のコイルの時間ベクトルに対応する．したがって，電機子電流 $\dot{I}$ を基準ベクトルにとり，電機子巻線の一相について時間ベクトルを描くと，図 4.11 のようになる．この図において，x_l [Ω] は実在の電機子漏れリアクタンスであり，r_a [Ω] は電機子巻線の抵抗である．x_s は電機子反作用リアクタンスと電機子漏れリアクタンスの和（$x_s=x_a+x_l$）で，**同期リアクタンス**とよぶ．また，$\dot{Z}_s=r_a+jx_s$ あるいは $Z_s=\sqrt{r_a{}^2+x_s{}^2}$ を**同期インピーダンス**とよぶ．

無負荷誘導起電力 $\dot{E}_0$ を**公称誘導起電力**，負荷時の実際の誘導起電力 $\dot{E}$ を**内部起電力**ともよぶ．また，$\dot{E}_0$ と発電機の**端子電圧** $\dot{V}$ との位相差 δ を**負荷角または内部相差角**とよび，負荷角は同期機の特性を表す重要な要素である．φ は負荷の力率角である．

このようにすると，図 4.11 から電圧の関係式は次のように表すことができる．

$$\dot{V}=\dot{E}_0-\{r_a+j(x_a+x_l)\}\dot{I}=\dot{E}_0-(r_a+jx_s)\dot{I}=\dot{E}_0-\dot{Z}_s\dot{I}\ \ [\mathrm{V}] \tag{4.14}$$

図 4.11 のように，遅れ力率の場合は $V<E<E_0$ となるが，進み力率の場合（ベクトル図は図 4.11 をもとに読者で描かれたい）は $V>E>E_0$ となることが多い．

式（4.14）から，円筒形同期発電機の一相についての等価回路は図 4.12 のように表すことができる．

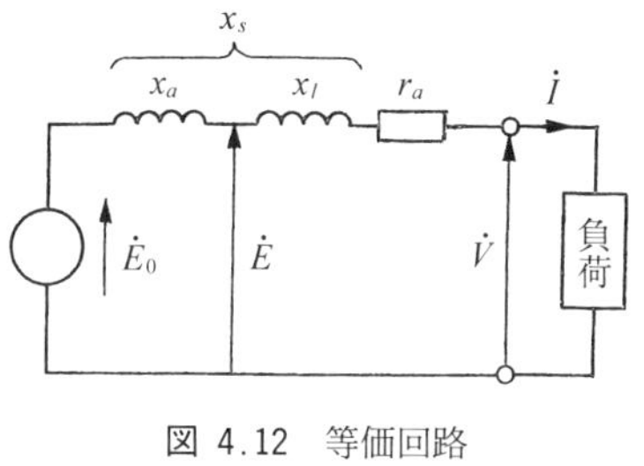

図 4.12　等価回路

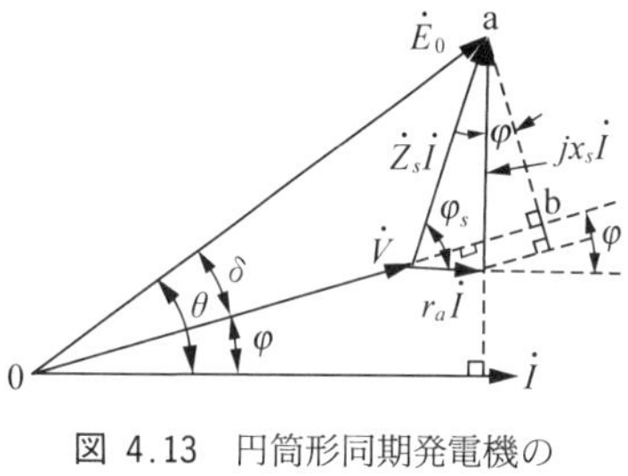

図 4.13　円筒形同期発電機のベクトル図

4.4.2　出力と負荷角の関係

図 4.11 のベクトル図から，円筒形三相同期発電機の出力 P_2 は

$$P_2=3VI\cos\varphi\ \ [\mathrm{W}] \tag{4.15}$$

である．いま，図 4.11 の一部を省略した図 4.13 の円筒形同期発電機のベクトル図において，$\dot{E}_0$ の頂点 a から $\dot{V}$ の延長線上に垂線を下し，その交点を b とすると次の関係が導かれる．

$$\overline{\mathrm{ab}}=E_0\sin\delta=x_sI\cos\varphi-r_aI\sin\varphi \tag{4.16}$$

$$\overline{0\,\mathrm{b}}=E_0\cos\delta=V+r_aI\cos\varphi+x_sI\sin\varphi \tag{4.17}$$

両式より，$\sin\varphi$ を消去して $I\cos\varphi$ を求めれば，

$$I\cos\varphi=\frac{E_0(r_a\cos\delta+x_s\sin\delta)-r_aV}{Z_s^{\,2}} \tag{4.18}$$

となる．

式（4.15）に式（4.18）を代入して整理すると，次の式（4.19）が得られる．

$$P_2=\frac{3VE_0}{Z_s}\cos(\varphi_s-\delta)-\frac{3V^2}{Z_s}\cos\varphi_s \tag{4.19}$$

ここで，$\varphi_s=\tan^{-1}(x_s/r_a)$ である．

一般に $r_a\ll x_s$ であることにより，r_a を無視すると，$r_a=0$，$\varphi_s=\pi/2$，$Z_s=x_s$ であるから

$$P_2\simeq\frac{3VE_0}{x_s}\sin\delta \tag{4.20}$$

となる．すなわち，円筒形三相同期発電機の出力 P_2 と負荷角 δ の関係は，P_2 が δ の正弦に比例し，$\delta=\pi/2$ のときに出力が最大となり，その値は $P_{2m}=3VE_0/x_s$ となる．

これに対して，界磁極の直軸（d 軸）方向（図 4.9 において $\dot{F}_f$ の方向）と横軸（q 軸）方向（同図において $\dot{E}_0$ の方向）のギャップの長さが異なる突極形三相同期発電機は，出力と負荷角の関係が次のように求まる．

図 4.14(a) は，突極形同期発電機のベクトル図である．同図において，$\dot{I}_d$ は電機子電流 $\dot{I}$ の直軸成分（$I_d=I\sin\theta$），$\dot{I}_q$ は $\dot{I}$ の横軸成分（$I_q=I\cos\theta$）で，x_d は**直軸同期リアクタンス**，x_q は**横軸同期リアクタンス**とよばれ，$x_d=x_l+x_{ad}$（x_{ad}：**直軸電機子反作用リアクタンス**），$x_q=x_l+x_{aq}$（x_{aq}：**横軸電機子反作用リアクタンス**）である．ここで，前述の図 4.9 から明らかなように，直軸方向のギャップの長さは横軸方向のそれに比べて小さいため，直軸方向の磁気抵抗は横軸方向のそれに比べて小さい．したがって，$x_{ad}>x_{aq}$ となり，$x_d>x_q$ である．

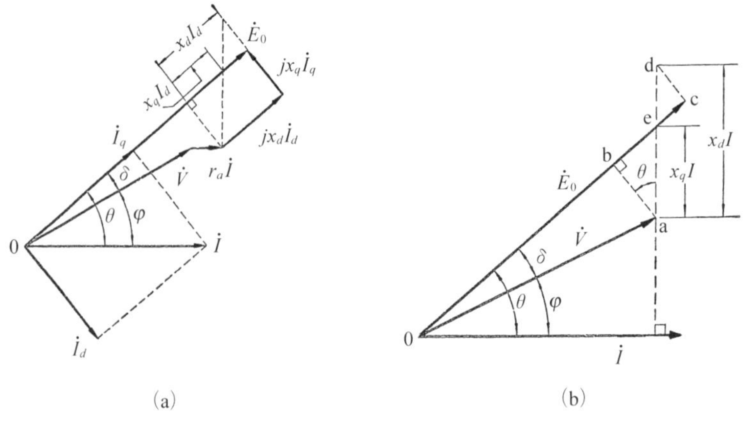

図 4.14　突極形同期発電機のベクトル図

ベクトル図から，突極形三相同期発電機の出力 P_2 は

$$P_2=3VI\cos(\theta-\delta)\ [\mathrm{W}] \tag{4.21}$$

である．

いま，電機子巻線の抵抗 r_a を無視すると，ベクトル図は図 4.14(b) のようになる．同図において，$\dot{V}$ の頂点 a から $\dot{E}_0$ に垂線を下し，その交点を b とする．また，頂点 a を通り $\dot{I}$ に垂直な線と，$\dot{E}_0$ の頂点 c を通り線 $\overline{\mathrm{ab}}$ に平行な線との交点を d とし，さらに線 $\overline{\mathrm{ad}}$ と線 $\overline{\mathrm{bc}}$ との交点を e とすれば

$$\angle\mathrm{bad}=\theta$$

$$\overline{\mathrm{ad}}=x_dI,\quad \overline{\mathrm{ae}}=x_qI$$

$$\overline{0\mathrm{b}}=\overline{0\mathrm{c}}-\overline{\mathrm{bc}},\quad \overline{\mathrm{ab}}=\overline{\mathrm{ae}}\cos\theta$$

であるから，次の関係が導かれる．

$$\overline{0\mathrm{b}}=V\cos\delta=E_0-x_dI\sin\theta$$

$$\overline{\mathrm{ab}}=V\sin\delta=x_qI\cos\theta$$

ゆえに，

$$I\cos\theta=\frac{V}{x_q}\sin\delta,\quad I\sin\theta=\frac{E_0}{x_d}-\frac{V}{x_d}\cos\delta$$

上式の関係を式 (4.21) に代入すれば，次の式 (4.22) が得られる．

$$\begin{aligned}P_2&=3VI\ (\cos\theta\cos\delta+\sin\theta\sin\delta)\\&=3\left\{\frac{VE_0}{x_d}\sin\delta+V^2\left(\frac{1}{x_q}-\frac{1}{x_d}\right)\sin\delta\cos\delta\right\}\\&=3\left(\frac{VE_0}{x_d}\sin\delta+V^2\frac{x_d-x_q}{2x_dx_q}\sin 2\delta\right)\end{aligned} \tag{4.22}$$

V と E_0 が一定ならば，出力 P_2 と負荷角 δ の関係は図 4.15 のような曲線（A，B，C，C＝A＋B）となり，δ が 60°～70° 付近で P_2 は最大になる．

ここで，曲線 B は前述の非突極機（$x_d=x_q=x_s$）の出力をも意味する．式 (4.22) からわかるように，突極機（$x_d\neq x_q$）は界磁電流が零で $E_0=0$ となっても出力（曲線 A）を発生することができる．

4.4.3 特　性　曲　線

a. 無負荷飽和曲線　同期発電機の三相電機子巻線の出力端子をすべて開放，すなわち無負荷の状態にして，発電機を定格速度で運転し，界磁電流 I_f を零から徐々に増加させながら端子電圧（線間電圧）E_t を測定すると，I_f と無負荷誘導起電力 E_0（星形結線のときは $E_t/\sqrt{3}$）との関係は図 4.16 のような曲線になる．これを**無負荷飽和曲線**とよぶ．

E_0 は界磁磁束 Φ に正比例するが，鉄心には磁気飽和現象が存在するため，Φ の値が大きくなるにつれて I_f に対する Φ の増加の度合が鈍り，E_0 と I_f との関係は正比例的でなくなる．

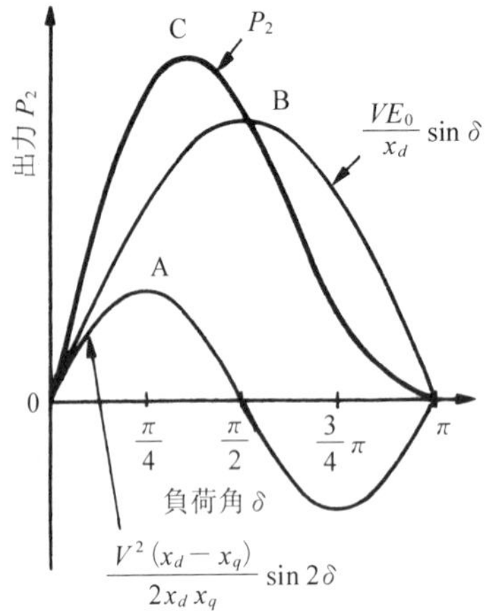

図 4.15　出力と負荷角の関係

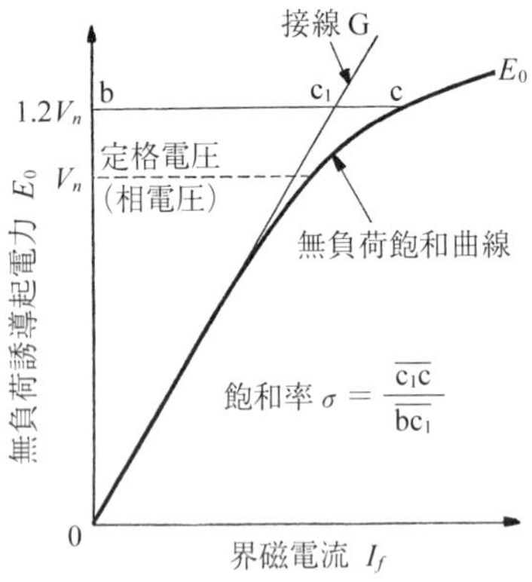

図 4.16　無負荷飽和曲線

図 4.16 において，原点付近における飽和曲線に接線 G を引くと，G はギャップに要する起磁力と誘導起電力との関係を表すことになる．ここで，任意の電圧 V を誘導するために必要な界磁電流 bc のうち，bc_1 はギャップに要する起磁力を発生させる界磁電流，c_1c は鉄心に磁気飽和があるために要する起磁力を発生させる界磁電流である．飽和の割合を表すのに，次の**飽和率**（または**飽和係数**）σ が用いられる．

$$\sigma=\frac{\overline{c_1c}}{\overline{bc_1}} \tag{4.23}$$

σ の値は，鉄心の材質や鉄心の歯部，背部などの構造に影響され，普通 0.05～0.15 の範囲内にある．

b. 三相短絡曲線　同期発電機の三相電機子巻線の出力端子を全部短絡した状態で，発電機を定格速度で運転し，界磁電流 I_f を零から徐々に増加させながら短絡電流 I_s を測定すると，I_f と I_s との関係は図 4.17 のようにほぼ直線となる．これを**三相短絡曲線**とよぶ．この場合の短絡電流は，**永久短絡電流**または**持続短絡電流**といって，端子を突然短絡した場合の**突発短絡電流**と区別している．

後述する電圧変動率などの同期発電機特性を算定するには，**同期インピーダンス** Z_s の値を知る必要がある．この値は，無負荷飽和曲線と三相短絡曲線から求められる．すなわち，図 4.12 の等価回路からわかるように，短絡状態では無負荷誘導起電力 E_0 [V] は同期インピーダンスによる電圧降下 Z_sI_s [V] として費やされるから，一相の同期インピーダンス Z_s は

$$Z_s=\frac{E_0}{I_s}\ [\Omega] \tag{4.24}$$

となる．図 4.17 において，同じ界磁電流に対する E_0 [V] と I_s [A] を用いて Z_s の値を計算すると，同図の Z_s 曲線のようになる．ここで，電機子巻線の抵抗

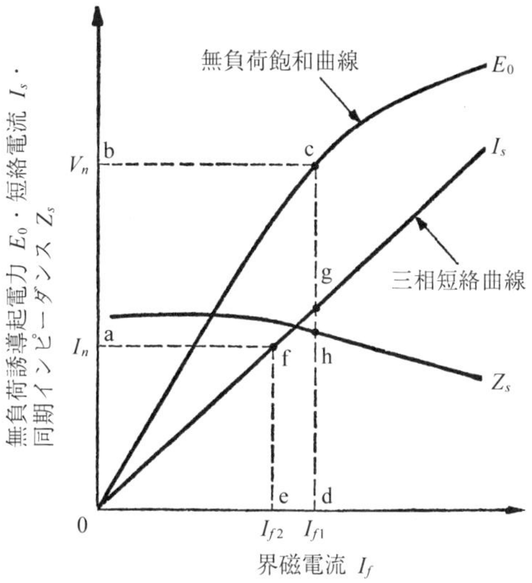

図 4.17　三相短絡曲線と同期インピーダンス

r_a [Ω] を実測すれば，$x_s=\sqrt{Z_s{}^2-r_a{}^2}$ [Ω] から同期リアクタンスの値も求めることができる.

発電機特性の計算には，ふつう，E_0 が定格相電圧 V_n に等しいときの界磁電流 I_{f1} に対する同期インピーダンスの値を用いる．すなわち，

$$Z_s=\frac{V_n}{I_s}=\frac{\overline{\mathrm{dc}}}{\overline{\mathrm{dg}}}=\overline{\mathrm{dh}}\ [\Omega] \tag{4.25}$$

となる.

定格値を 1 として電圧，電流，インピーダンスを表す**単位法**を用いれば，

$$Z_s[\mathrm{pu}]=\frac{Z_sI_n}{V_n}=\frac{I_n}{I_s}=\frac{\overline{\mathrm{ef}}}{\overline{\mathrm{dg}}} \tag{4.26}$$

となる.

c. 短 絡 比　図 4.17 において，定格速度の無負荷時に定格相電圧 V_n [V] を誘導するのに必要な界磁電流 I_{f1} [A] と，三相短絡時に定格電流 I_n [A] に等しい持続短絡電流を流すのに必要な界磁電流 I_{f2} [A] との比を，**短絡比**という.

短絡比 K_s は

$$K_s=\frac{I_{f1}}{I_{f2}}=\frac{\overline{\mathrm{od}}}{\overline{\mathrm{oe}}}=\frac{\overline{\mathrm{dg}}}{\overline{\mathrm{ef}}}=\frac{1}{Z_s[\mathrm{pu}]} \tag{4.27}$$

となり，単位法で表した同期インピーダンスの逆数に等しく，同期機の重要な特性定数のひとつである．K_s の値は同期機の構造により異なり，水車発電機やエンジン発電機では 0.8～1.2，タービン発電機では 0.5～0.8 程度のものが多い.

短絡比と特性との関係を考えてみると，次のようになる．機械の短絡比を大き

くするには，同期インピーダンスを小さく，すなわち電機子反作用の影響を小さくする必要がある．この場合，機械は電機子巻線の巻数を少なく（電気装荷を小さく），その分界磁磁束を多く（磁気装荷を大きく）する必要があり，構成材料は銅が比較的少なくて鉄を多く使用する，いわゆる**鉄機械**となる．したがって，機械は構造，重量が大きく，価格が高く，効率も悪い．しかし発電機では電圧変動率が小さく，過負荷耐量が大きいので安定性もよく，線路の充電容量が大きい特徴をもつ．一方，短絡比の小さい機械は，これと反対の構造，特性上の特徴をもつ**銅機械**となる．

d. 負荷飽和曲線　発電機を定格速度で運転し，一定力率の負荷電流を一定値に保つように界磁電流 I_f を調整して運転したときの I_f と端子電圧 V との関係を示す曲線を，**負荷飽和曲線**という．特に図 4.18 に示すように，負荷電流を定格値に保ったときの曲線を全負荷飽和曲線とよび，力率が零の場合の曲線を**零力率負荷飽和曲線**という．同じ界磁電流に対する端子電圧の降下は，力率が低いほど電機子反作用の影響（減磁作用）を大きく受けるため，その値が大きい．

e. 外部特性曲線と電圧変動率　発電機を定格速度で運転し，界磁電流 I_f を一定値に保ちながら，一定力率で負荷電流 I を変えたときの I と端子電圧 V との関係を示す曲線を，**外部特性曲線**という．

図 4.19 は，指定力率の定格電流 I_n を流したときに定格電圧 V_n になるように界磁電流 I_f を調整し，このときの I_f を一定値に保った状態で負荷電流 I を変えたときの端子電圧 V の変化，すなわち外部特性曲線を示したものである．図からわかるように，遅れ力率の場合には，電機子反作用の減磁作用によって負荷電流 I が増加するにつれて，端子電圧 V は著しく降下し，力率 1 の場合には V が少し下がる．進み力率の場合には，電機子反作用の増磁作用によって V が上昇する．

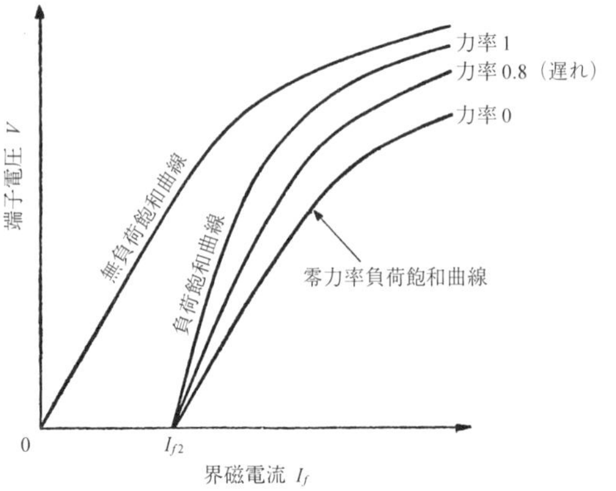

図 4.18　全負荷飽和曲線

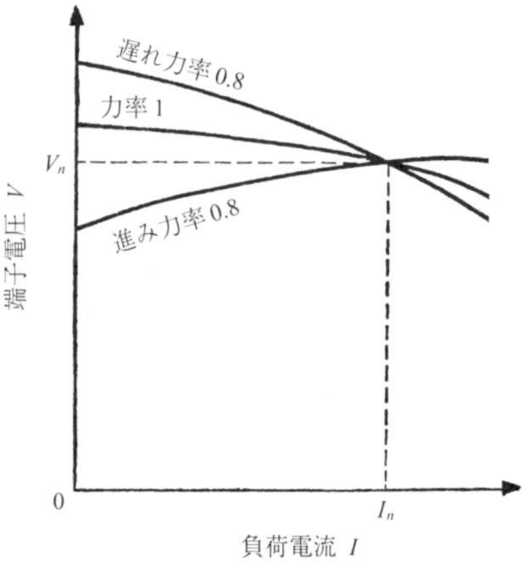

図 4.19　外部特性曲線

図4.19に示す外部特性曲線において，指定力率（定格力率）における無負荷時（$I=0$）の端子電圧を V_0 とすると，同期発電機の**電圧変動率** ε は次式で表される．

$$\varepsilon=\frac{V_0-V_n}{V_n}\times 100\ [\%] \tag{4.28}$$

小型機では実負荷試験から電圧変動率を求めることができるが，中，大型機では実負荷試験が困難なため，無負荷および短絡試験の結果からこれを算定する方法がとられる．この場合，起電力法と磁気飽和を考慮に入れた起磁力法とがあり，非突極機の電圧変動率を起電力法で求めると次のようである．

いま，定格電圧を V_n，定格電流を I_n，力率を $\cos\varphi$ とすると，図4.13のベクトル図から無負荷誘導起電力 E_0，すなわち無負荷端子電圧 V_0 は次式となる．

$$V_0=E_0=\sqrt{V_n^2+Z_s^2I_n^2+2V_nI_nZ_s\cos(\varphi_s-\varphi)}\ [\mathrm{V}] \tag{4.29}$$

ただし，$\varphi_s=\tan^{-1}(x_s/r_a)$ である．

式（4.28）に式（4.29）の値を代入して計算すれば，電圧変動率 ε の値が求まる．また，電圧変動率 ε は同期インピーダンス Z_s に式（4.26）の単位法［pu］を適用して，次式で求めることもできる．

$$\varepsilon=\{\sqrt{1+(Z_s[\mathrm{pu}])^2+2Z_s[\mathrm{pu}]\cos(\varphi_s-\varphi)}-1\}\times 100\ [\%] \tag{4.30}$$

f. 自己励磁　4.4.1項で説明したように，同期発電機に無負荷誘導起電力 E_0 より進み位相の電機子電流 I が流れると，電機子反作用起磁力は磁化作用する．したがって内部起電力 E は E_0 より大きくなり，端子電圧 V も E_0 より大きく，V は I の増加とともに比例的に増加する．

いま，同期発電機を無励磁のまま定格速度で回転させ，発電機端子にコンデンサ C［F］を接続すると，鉄心の残留磁気によるわずかの誘導起電力 E_r によってわずかの進相の電機子電流 I が流れ，磁化作用を生ずる．その結果 E_0 が増加して I も増加し，これを順次繰り返して図4.20に示すように端子電圧 V が上昇する．そして，電圧は次式で表される**充電特性曲線** A と電機子進み電流によって励磁された発電機の飽和曲線 B との交点 P まで上昇し，この点に達したとき電圧および電流は一定値に落ち着き，発電機は安定して運転を続ける．

$$I=2\pi fCV\ [\mathrm{A}] \tag{4.31}$$

このような現象を同期発電機の**自己励磁**とよび，P 点を**電圧確立点**といい，誘導発電機においても同様の現象が発生する．

発電機の自己励磁によって電圧が定格電圧よりも非常に高くなれば，絶縁をおびやかし，負荷の破壊にもつながるおそれがあるので，容量性負荷を接続する場合には十分注意を必要とする．

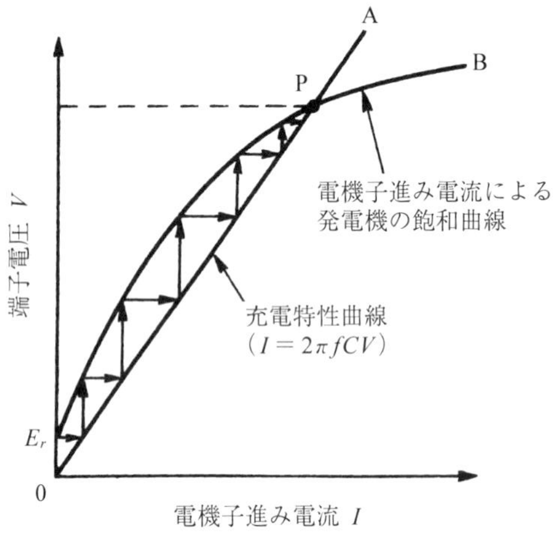

図 4.20　電機子進み電流による自己励磁

4.5　三相同期発電機の並行運転

一般に，複数台の発電機を並列に接続して運転し，共通の負荷に電力を供給する方法を**並行運転**とよぶ．この主たる目的は，負荷の変動に応じて運転台数を変え，各発電機をできるだけ最大効率の全負荷付近で運転することによって系統全体の効率を高めることにある．

4.5.1　並行運転に必要な条件

同期発電機の並行運転において，各発電機および原動機のそれぞれは次の条件を満足する必要がある．各発電機は，①起電力の大きさが等しいこと，②起電力の位相が等しいこと，③起電力の周波数が等しいこと，④起電力の波形が等しいこと．各原動機は，①均一な角速度で回転し，速度特性曲線が垂下特性であること，②容量に応じた負荷分担をするため，百分率で表した速度特性曲線が同じ形であること，である．

4.5.2　並行運転時の特性

いま，2台の三相同期発電機 G_1 と G_2 が並行運転しているとし，両機の誘導起電力を $\dot{E}_{01}$，$\dot{E}_{02}$，電機子電流を $\dot{I}_1$，$\dot{I}_2$，同期インピーダンスを $\dot{Z}_{s1}=r_1+jx_{s1}$，$\dot{Z}_{s2}=r_2+jx_{s2}$，負荷電流を $\dot{I}$ とすれば，一相あたりの等価回路は図 4.21 で示される．

図 4.21 から，次の方程式が成立する．

$$\left.\begin{aligned}\dot{V}&=\dot{E}_{01}-\dot{Z}_{s1}\dot{I}_1\\ \dot{V}&=\dot{E}_{02}-\dot{Z}_{s2}\dot{I}_2\\ \dot{I}&=\dot{I}_1+\dot{I}_2\end{aligned}\right\} \tag{4.32}$$

式 (4.32) を電流について解くと，次式が得られる．

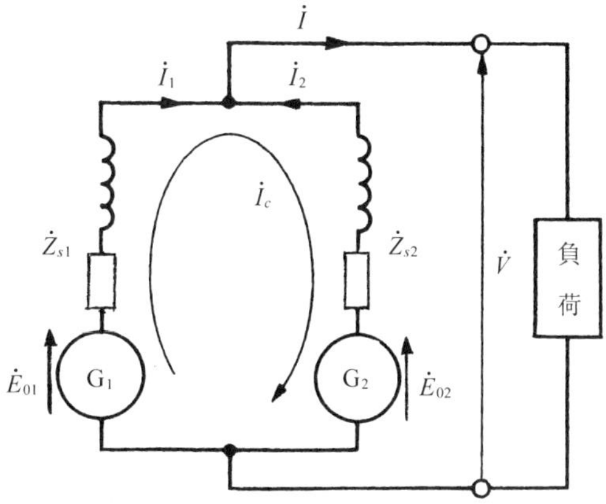

図 4.21　並行運転時の等価回路

$$\left.\begin{aligned}\dot{I}_1&=\dot{I}\frac{\dot{Z}_{s2}}{\dot{Z}_{s1}+\dot{Z}_{s2}}+\frac{\dot{E}_{01}-\dot{E}_{02}}{\dot{Z}_{s1}+\dot{Z}_{s2}}\\ \dot{I}_2&=\dot{I}\frac{\dot{Z}_{s1}}{\dot{Z}_{s1}+\dot{Z}_{s2}}-\frac{\dot{E}_{01}-\dot{E}_{02}}{\dot{Z}_{s1}+\dot{Z}_{s2}}\\ \dot{I}_c&=\frac{\dot{E}_{01}-\dot{E}_{02}}{\dot{Z}_{s1}+\dot{Z}_{s2}}\end{aligned}\right\}\tag{4.33}$$

ここで，$\dot{I}_c$ は**横流**とよばれ，$\dot{E}_{01}\neq\dot{E}_{02}$ のときには負荷の有無にかかわらず，両発電機間を循環する電流である．

a. 起電力の位相は同じで大きさに差が生じたとき　いま，なんらかの原因によって発電機 G_1 の界磁電流が増加し，両発電機の誘導起電力が $E_{01}>E_{02}$ の関係になったとして，横流 $\dot{I}_c$ の作用を考えてみよう．

簡単のために電機子巻線抵抗 r_1 $(\ll x_{s1})$，r_2 $(\ll x_{s2})$ を無視し，発電機は無負荷で運転されているとすると，この場合の $\dot{I}_c$ は，式 (4.32) に $r_1=r_2=0$ を代入して，

$$\dot{I}_c\simeq -j\frac{\dot{E}_{01}-\dot{E}_{02}}{x_{s1}+x_{s2}}\tag{4.34}$$

の無効横流となり，ベクトル図は図 4.22 のようになる．すなわち，$E_{01}>E_{02}$ の関係にあるときの $\dot{I}_c$ は，発電機 G_1 においては $\dot{E}_{01}$ に対して遅れ電流となって減磁作用を，発電機 G_2 においては $\dot{E}_{02}$ に対して進み電流となって磁化作用をもたらし，両発電機の端子電圧 $\dot{V}$ を等しくするように働く．

b. 起電力の大きさは同じで位相に差が生じたとき　ここでは，なんらかの原因で発電機 G_2 が少し減速し，両発電機の誘導起電力 $\dot{E}_{01}$ と $\dot{E}_{02}$ 間に δ_s の位相差が生じたとして，横流 $\dot{I}_c$ の作用を考えてみよう．

この場合は，位相差 δ_s にもとづく電位差 $(\dot{E}_{01}-\dot{E}_{02})$ によって，この電位差

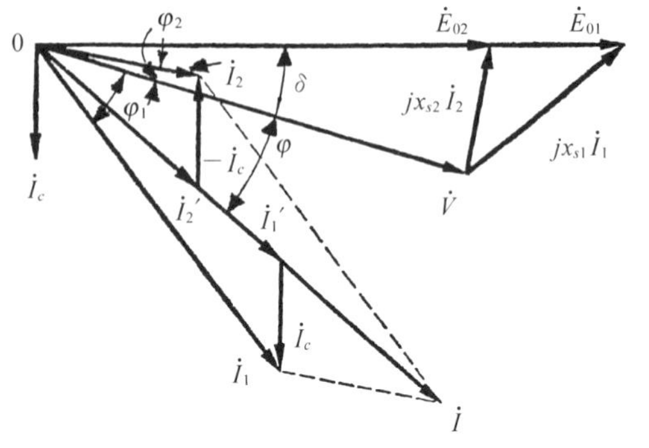

図 4.22 起電力の大きさに差を生じたときのベクトル図

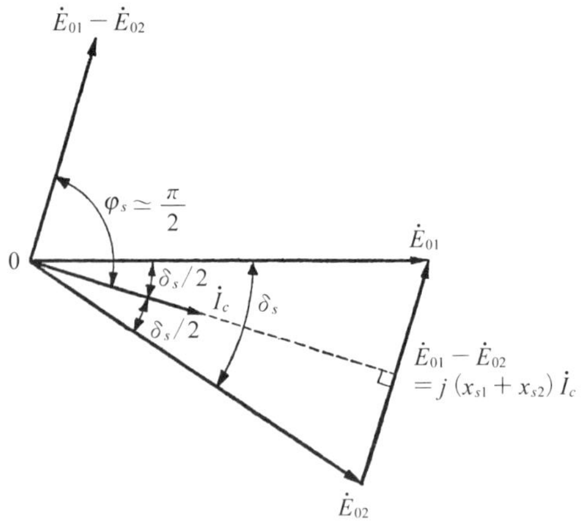

図 4.23 起電力の位相に差を生じたときのベクトル図

より $\pi/2$ ほど遅れた位相の電流 $\dot{I}_c$ が両発電機間を循環し，そのベクトル図は図 4.23 のようになる．$\dot{I}_c$ の大きさは，$E_{01}=E_{02}\equiv E_0$ と置いて，ベクトル図から

$$I_c=\frac{2E_0}{x_{s1}+x_{s2}}\sin\frac{\delta_s}{2} \tag{4.35}$$

のように求まる．発電機 G_1 においては，$\dot{I}_c$ は流出し，$\dot{E}_{01}$ に対して有効成分をもち，一相あたり

$$P_c=E_0I_c\cos\frac{\delta_s}{2}=\frac{E_0{}^2}{x_{s1}+x_{s2}}\sin\delta_s \tag{4.36}$$

の電力を発生する．一方，発電機 G_2 においては，$\dot{I}_c$ が流入し，電力 P_c が供給されることになる．

すなわち，$\dot{I}_c$ の作用によって G_1 は発電機動作をして減速，G_2 は電動機動作をして加速し，結果として相差角 δ_s が零となり，同期が保たれる．この場合の $\dot{I}_c$ は，**有効横流**または**同期化電流**とよばれる．また，両発電機を同期状態に保とうとする力を**同期化力**といい，次式で表される．

$$P_s=\frac{dP_c}{d\delta_s}=\frac{E_0{}^2}{x_{s1}+x_{s2}}\cos\delta_s\ [\mathrm{W/rad}] \tag{4.37}$$

c. 負荷の分担 並行運転している同期発電機において，界磁電流の調整によって負荷（有効電力）の分担を変えることができないことは前述のとおりであり，負荷分担は原動機の速度特性で決まる．これについて説明しよう．

いま，図 4.24 に示すように，原動機が速度特性 1 をもち負荷 P_1 を担って同期速度 N_s で単独運転している同期発電機 G_1 に，原動機が速度特性 2 をもつ無負荷の同期発電機 G_2 を同期投入（最近は**自動同期投入装置**が用いられる）する．その後，各原動機の**調速機**を調整して G_1 の速度特性 1 を速度特性 1′ に，また G_2 の速度特性 2 を速度特性 2′ にそれぞれ移すと，G_1 の負荷分担は P_1 から P_1'

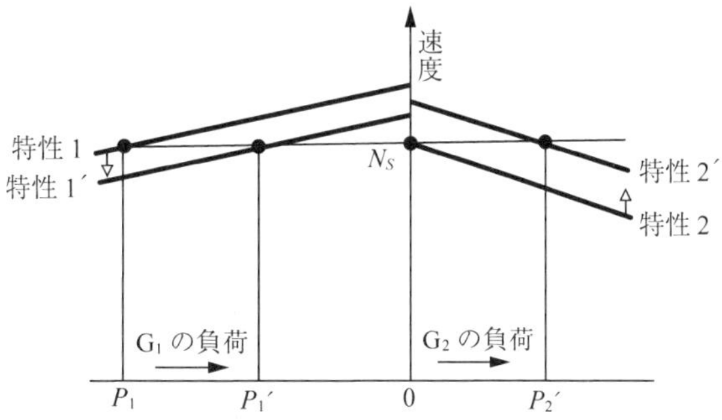

図 4.24　原動機の速度特性曲線と負荷の分布との関係

へ減少し，G_2 は負荷 P_2'（$=P_1-P_1'$）を担って並行運転する．

4.6　三相同期電動機の特性

4.6.1　動作原理

前述の図 4.1 に示した三相同期発電機の電機子巻線の端子に，負荷に替えて三相交流電源を接続すると，三相電機子巻線に電流が流入し，図 4.25 に示すように $N_s=120f/P$ [min^{-1}] の同期速度で回転する回転磁界（仮想磁極 n，s）が生じる．そこで，回転子を外力で回転磁界と同じ回転方向に同期速度で回転させておくと，回転磁界の n 極と回転子界磁の S 極との間，および s 極と N 極との間にそれぞれ磁気吸引力が働き，回転子はトルクを発生する．したがって，外力を取り除いても，回転子は一定の負荷角 δ を保ちながら回転磁界と同じ回転方向に同期速度 N_s で回転を続け，機械は電動機として動作する．なお，$\delta=0°$ の場合は，これら磁極間には円周に垂直な方向の磁気吸引力が働くことになってトルクは零となり，また回転子が静止状態にある場合は，トルクが半回転ごとに同じ大きさで反対の向きになることから平均トルクは零となり，それぞれ電動機として動作することができない．

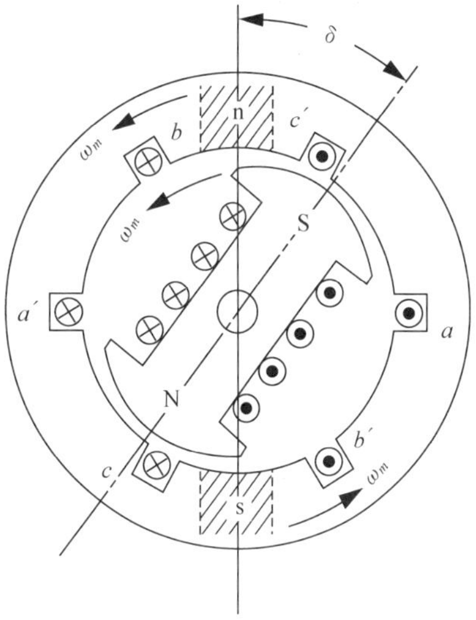

図 4.25　三相同期電動機の原理

4.6.2　ベクトル図

同期電動機においても発電機と同様に，界磁磁束によって電機子巻線には起電力が誘導する．この誘導起電力は，電動機としては逆起電力である．したがって電動機が無負荷の状態にある場合には，電機子電流は無視できるから，界磁磁束がちょうど供給電圧 V の大きさに等しい大きさの起電力 E_0 を誘導している場合のベクトル図は，図 4.26(a) のようになる．ここで，$\dot{E}_0'$ は $\dot{E}_0$ に打ち勝つために外部から供給された起電力で，$\dot{E}_0'=-\dot{E}$ である．

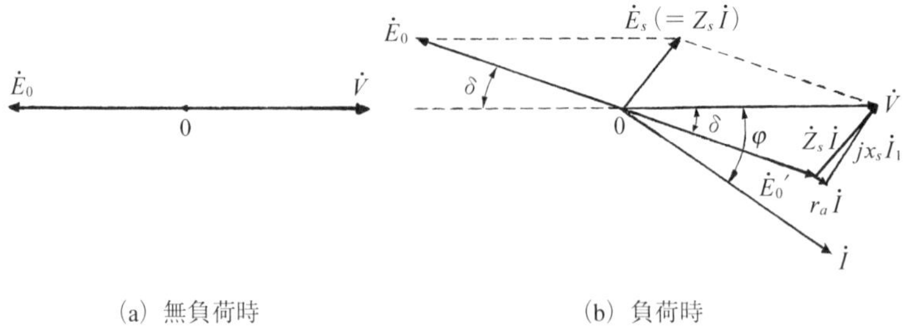

図 4.26　同期電動機のベクトル図

電動機に負荷がかかると，回転子は無負荷の場合より負荷角 δ だけ遅れて回転するので，$\dot{V}$ と $\dot{E}_0$ の位相差は図 4.26(b) のように $\pi-\delta$ となる．したがって，電機子巻線には $\dot{V}$ と $\dot{E}_0$ の合成起電力 $\dot{E}_s$ によって電機子電流（負荷電流）$\dot{I}$ が流れることになる．このときの $\dot{I}$ の大きさは電動機の同期インピーダンス $\dot{Z}_s$（$=r_a+jx_s$）で決まり，その抵抗分 r_a はリアクタンス分 x_s に比べて非常に小さいから，$\dot{I}$ は $\dot{E}_s$ に対して位相がほぼ $\pi/2$ 遅れる．ここで，負荷時における同期電動機のトルクの発生原理は，前述した磁気吸引力によるトルク発生の解釈のほかに，この $\dot{I}$ と界磁磁束間に電磁力が働き，回転子はトルクを発生すると解釈してもよい．

同期電動機においても，電機子巻線に電流が流れると電機子反作用を生じるが，電流の位相と電機子反作用の関係は，無負荷誘導起電力 $\dot{E}_0$ に対して考えると，発電機の場合とまったく同じである．

4.6.3　位　相　特　性

同期電動機の供給電圧 V および負荷（電機子電流の有効分 $I\cos\varphi$ と $E_0\sin\delta$）をそれぞれ一定に保ちながら，界磁電流 I_f を変化させると，電機子電流 I および力率 $\cos\varphi$ がともに変化する．その理由をベクトル図で説明すると次のようになる．

一般に，電機子巻線抵抗 r_a と同期リアクタンス x_s の関係は $r_a \ll x_s$ であるから，電機子巻線抵抗を無視すると，図 4.26(b) の電機子電流 $\dot{I}$ の大きさは $I=E_s/x_s$，$\dot{E}_s$ と $\dot{I}$ の位相差は $\pi/2$ となる．また，同期電動機の一相の出力 P_2 は，後述の式 (4.39) より $P_2=(VE_0'\sin\delta)/x_s$ で表される．

図 4.27(a) は，同期電動機に負荷をかけ，$V=E_0$，力率 1 ($\cos\varphi=1$) で運転している場合のベクトル図である．この状態の供給電圧 V を一定，および負荷 P_2 を一定にそれぞれ保ちながら界磁電流 I_f を増すと，図 4.27(b) のように $\dot{E}_0$ が増え，δ が減じるので，$\dot{E}_s$ が増える．その結果，$\dot{I}$ は増えるとともに進み

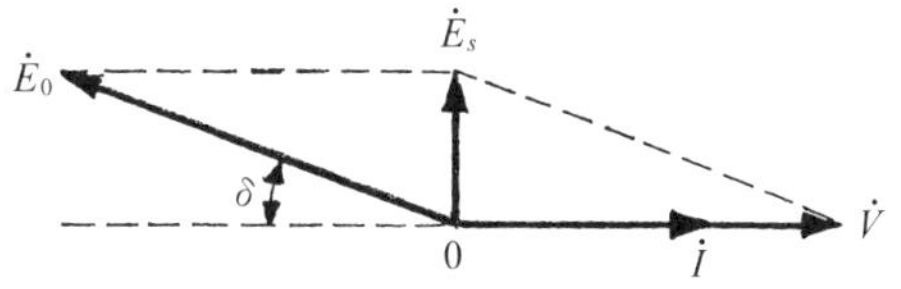

(a) 力率＝1の場合

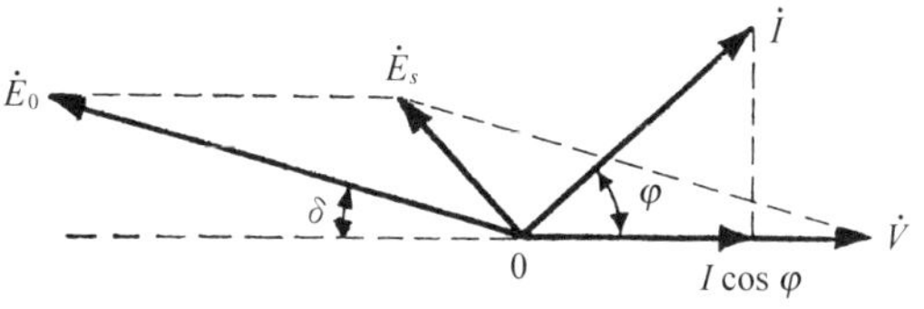

(b) 進み力率の場合

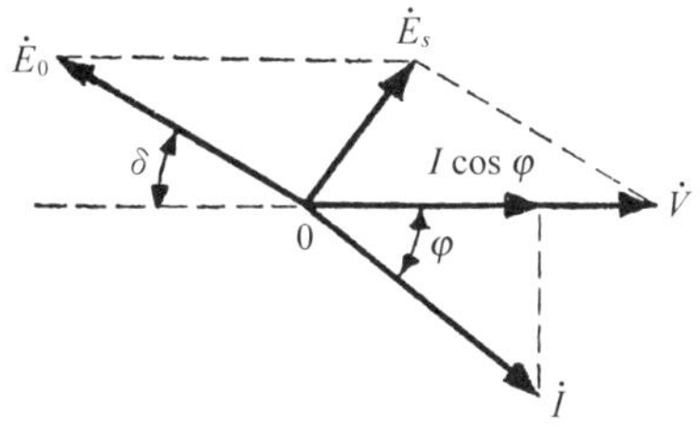

(c) 遅れ力率の場合

図 4.27　位相特性

電流となる．逆に I_f を減じると，図 4.27(c) のように $\dot{E}_0$ は減じるが，δ が増えるので，$\dot{E}_s$ は増える．その結果，$\dot{I}$ は増えるとともに遅れ電流となる．すなわち，同期電動機は界磁電流を調整することによって，電機子電流の大きさおよび位相を変えることができる．

図 4.28 は，負荷をパラメータとしたときの界磁電流 I_f と電機子電流 I の関係を示す特性で，同期電動機の **V 曲線**または**位相特性曲線**とよばれる．

同期電動機を無負荷運転し，界磁電流を調整して進み力率の状態にすると，系統の力率改善を行うことができる．このような目的で使用する同期電動機を**同期**

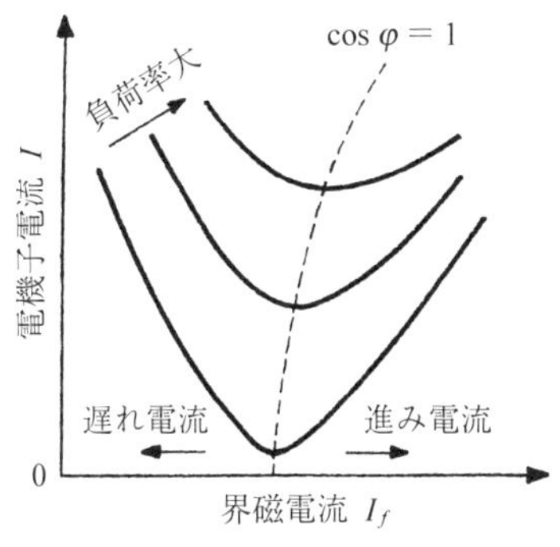

図 4.28　同期電動機の V 曲線

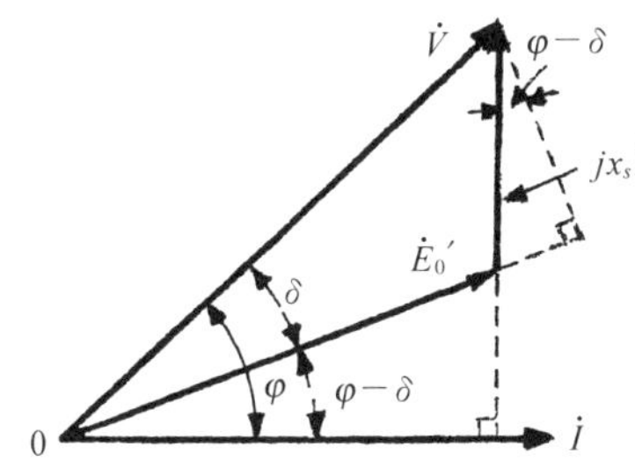

図 4.29　円筒形同期電動機のベクトル図（r_a=0 の場合）

調相機または**同期進相機**という．

4.6.4 出力とトルク

図4.29は，円筒形同期電動機において，電機子巻線抵抗を無視した場合の任意の力率におけるベクトル図である．このベクトル図から，円筒形三相同期電動機の出力 P_2（ここでは抵抗を無視しているために入力 P_1 と等しい）は，

$$P_2=3VI\cos\varphi\ [\mathrm{W}] \tag{4.38}$$

となる．実際に利用できる機械的軸出力は，この P_2 から銅損・鉄損・漂遊負荷損・機械損を差し引いたものになる．

出力 P_2 と負荷角 δ の関係をベクトル図から求めると，

$$V\cos\varphi=E_0'\cos(\varphi-\delta)$$
$$V\sin\delta=x_sI\cos(\varphi-\delta)$$
$$I\cos(\varphi-\delta)=\frac{V}{x_s}\sin\delta$$

より

$$P_2\simeq3\frac{E_0'V}{x_s}=\sin\delta \tag{4.39}$$

となる．ここで，$E_0'=E_0$ であるから，電動機の出力 P_2 は発電機の出力の式(4.20)とまったく同じである．また，突極形三相同期電動機の出力 P_2 についても，発電機と同じ式（4.22）になり，前述の図4.16の出力特性もそのまま電動機に適用できる．

同期電動機の発生トルク T は，同期角速度を ω_s [rad/s] とすれば次式で求められる．

$$T=\frac{P_2}{\omega_s}\ [\mathrm{N\cdot m}] \tag{4.40}$$

ただし ω_s は，同期速度を n_s [$\mathrm{s^{-1}}$]，極数を P，電源角周波数を $\omega=2\pi f$ [rad/s] とすると，次式の関係で示される．

$$\omega_s=2\pi n_s=\frac{2}{P}\omega\ [\mathrm{rad/s}]$$

ω_s は一定であるから，トルクは出力 P_2 [W] で表示することができる．このときの P_2 を**同期ワット**または**同期ワットで表したトルク**という．

同期電動機を一定の励磁電流のもとで運転し，負荷を増してゆくと，負荷角 δ は次第に大きくなり，円筒形同期電動機（非突極機）の場合は図4.14のようにトルクが $\delta=90°$ で最大値に達する．電動機にこれ以上の負荷トルクをかけると**同期はずれ**を起こし，電動機は停止してしまう．トルクの最大値を，一般に**脱出トルク**という．

4.6.5 乱調と安定度

a. 乱　調　同期電動機の負荷が急変，また電源の電圧や周波数などが変動

すると，回転子が同期速度を中心に加速と減速の振動（負荷角の周期的変動）を繰り返しながら，やがて電動機は安定運転にいたる．この振動現象の発生は電動機および負荷の回転体の慣性に起因するもので，振動の周期と回転体の固有振動数が接近している場合には同調作用が生じ，激しい振動がおこる．これを**乱調**といい，それらの振動数が一致すると振動は発散し，電動機は同期はずれを起こして停止することになる．

この乱調を防止する目的から，ふつう同期電動機には磁極片に**制動巻線**が設けられ，それを後述する自己始動の巻線に兼用している．

b. 安定度　同期発電機または同期電動機において，一定励磁のもとに負荷を徐々に増加した場合に安定な同期運転が維持できる度合を**定態安定度**といい，その判定基準のひとつに**定態安定極限電力**がある．非突極機の極限電力は，前述の図 4.15 において，$\delta=90°$ のときで式（4.20）に等しい．また，突極機の極限電力は，$\delta=60°\sim70°$ のときで式（4.22）に等しい．

同期機の運転中に負荷の急変などによって過渡現象を生じ，その過渡状態が経過した後，なおも安定した運転を維持できる度合を**過渡安定度**といい，その判定基準のひとつに**過渡安定極限電力**がある．過渡安定極限電力は，定態安定極限電力の 40〜50% にとられる．

4.6.6　始　動　法

同期機電動機は，同期速度で回転しているときのみトルクを発生する．したがって，停止からなんらかの方法で始動させる必要がある．ここでは，同期電動機の始動法について述べる．

a. 自己始動法　この方法は，突極回転子の磁極片に誘導電動機のかご形巻線と同様の制動巻線を施し，これを始動用巻線として利用するもので，回転子が同期速度付近に達した後に界磁巻線を励磁して，同期に引き入れる．この始動方式として，全電圧始動，リアクトル始動，補償器始動などがある．

b. 始動電動機法　この方法は，誘導電動機や誘導同期電動機などの始動電動機を同期電動機に直結して始動するもので，始動電動機して誘導電動機を用いることが多い．

c. 低周波始動法　この方法は，同期電動機を可変周波数の別電源で始動させて低周波で同期化し，電源の周波数を上昇させて同期速度に達した後，同期電動機を主電源（商用電源）に同期投入するもので，自己始動法に比べて始動電流が小さく，同期化も確実である．

d. サイリスタ始動法　この方法は，同期電動機の界磁巻線に停止時から励磁を与えておき，可変周波数のサイリスタインバータによって同期始動するもので，同期電動機の低速運転も可能である．ただし，磁極位置に応じた位相の電流を電機子巻線に流すための回転子位置検出器を必要とする．

4.7 小型同期電動機

小型同期電動機には，回転子磁極の突極構造によってトルク（式（4.22）の右辺第2項）を発生させる**反作用電動機**，回転子磁性材料の磁気ヒステリシス特性によってトルクを発生させる**ヒステリシス電動機**，回転子の永久磁石によってトルクを発生させる**永久磁石電動機**がある．ここでは，最近の高性能な希土類磁石の出現によって，従来の小容量に限定されていた電動機から中容量機へと急速に発展している永久磁石電動機について説明する．

永久磁石形の同期発電機または同期電動機は，界磁が永久磁石で構成されており，界磁巻線をもたない．したがってこの同期機は，界磁巻線をもつ普通の同期機に比べて回転子構造が簡単・堅牢で，励磁損も小さいので効率が高い．

図4.30に，永久磁石電動機の回転子構造の代表的な例を示す．図4.30(a)は，永久磁石を回転子鉄心の表面に張り付けた**表面磁石形**の回転子で，ふつう，磁石の飛散を防止するため磁石表面にステンレスパイプなどが設けられている．図4.30(b)は，永久磁石を回転子鉄心の内部に埋め込んだ**埋込磁石形**の回転子で，最近はこの形の回転子が多く採用されている．その理由は，磁石の飛散防止策が不要であること，また永久磁石が配置されている箇所は磁気回路的にギャップと等価であるから，d 軸方向と q 軸方向でインダクタンスの違いが生じ，それによるリラクタンストルクが発生することにある．

ここで，埋込磁石形の同期電動機の発生トルク T は次式で表される．

$$T = p\phi i_q + p(L_d - L_q)\, i_d i_q \tag{4.41}$$

ただし，ϕ：永久磁石による電機子巻線の鎖交磁束，L_d，L_q：d，q 軸インダクタンス，i_d，i_q：電機子電流の d，q 軸成分，p：極対数

上式の右辺第1項は永久磁石によって発生するマグネットトルク，第2項は磁気的な突極性によって発生する**リラクタンストルク**である．

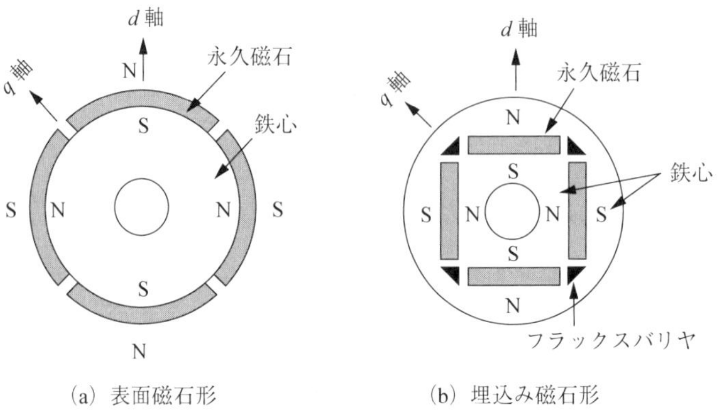

図 4.30 永久磁石形同期電動機の回転子構造（4極の例）

最近の永久磁石電動機は 100 kW 程度のものまで製作されており，その用途も圧縮機用，エレベータ巻上機用，電気自動車用などの電動機へと拡大している．

4.8 同期機の励磁方式

界磁巻線をもつ同期機の界磁の励磁方式には，**直流励磁機方式**，**交流励磁機方式**，**サイリスタ励磁方式**，**ブラシレス励磁方式**があるが，最近はほとんどの同期機にブラシレス励磁方式が採用されている．

ブラシレス励磁方式を同期発電機において説明すると，次のようになる．図 4.31 のように，主同期発電機の回転軸に交流励磁機（小容量の回転電機子形同期発電機）の回転軸を直結し，回転軸上に半導体整流器を取り付けた構造をなす．その原理は，主同期発電機の発電電力の一部が**自動電圧調整器**（AVR，整流器内蔵）を介して交流励磁機の界磁巻線に供給され，直流電流がつくる界磁磁束によって誘導した交流励磁機の電機子巻線の起電力が回転整流器で直流に変換され，主同期発電機の界磁巻線に直流電流が流れて主界磁を増磁する．

なお，直流励磁機方式は，主同期発電機に直結した小容量直流発電機の発生電力を主同期発電機の界磁巻線にブラシとスリップリングを通じて供給する方式である．交流励磁機方式は，主同期発電機に直結した小容量同期発電機（回転界磁形）の発電電力を整流器で直流に変換し，それを主同期発電機の界磁巻線にブラシとスリップリングを通じて供給する方式である．サイリスタ励磁方式は，主同期発電機の発電電力の一部を整流器で直流に変換し，それを主同期発電機の界磁巻線にブラシとスリップリングを通じて供給する方式である．これらの励磁方式は，いずれもブラシをもっているため，メンテナンスを必要とする．

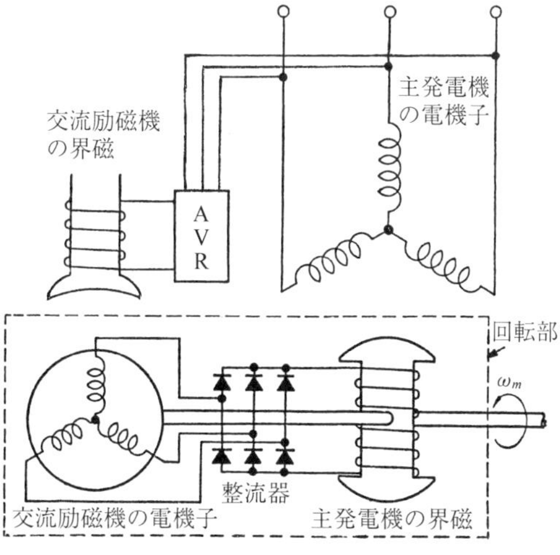

図 4.31 ブラシレス励磁方式

文 献

1) 電気学会通信教育会“電気機械工学”，電気学会（1968）．
2) 野中“電気機器（Ⅰ）”，森北出版（1973）．
3) 柴田，三澤“エネルギー変換工学”，森北出版（1990）．
4) 藤田“電気機器”，森北出版（1991）．
5) エレクトリックマシーン&パワーエレクトロニクス教科書編纂委員会“エレクトリックマシーン&パワーエレクトロニクス”，森北出版（2004）．

演 習 問 題

4.1 水車発電機がある．50 Hz に対しては 300 min^{-1}，60 Hz に対しては 360 min^{-1} で回転する．発電機の極数はいくらか．

4.2 10 極・60 Hz・Y 結線の三相同期発電機がある．総スロット数 90，1 スロット内のコイル数（導線数）6，全節二層重巻，毎極の磁束（正弦波分布）7.527×10^{-2} Wb であるとき，その発電機の無負荷端子電圧を求めよ．

4.3 15 kVA・220 V の三相同期発電機がある．電機子一相の抵抗 0.1 Ω，一相の同期リアクタンス 1.0 Ω である．力率 1 および遅れ力率 0.8 における電圧変動率を求めよ．

4.4 同期電動機の磁極面に沿って設ける制動巻線の効用を述べよ．

第5章　直　流　機

直流機には，直流電力を発生する発電機と直流電力で駆動する電動機がある．最近は，半導体電力変換装置の発達にともなって，**直流発電機**の使用が少なくなっている．一方，**直流電動機**は，小容量機が機械制御系のサーボモータ，中・大容量機が製鉄用圧延機，製紙用抄紙機，電車，クレーンなどの可変速駆動用電動機として，現在も多用されている．

本章では，直流機の原理と構造，直流発電機の特性，直流電動機の特性・始動法・速度制御法などについて学ぶ．

5.1　直流機の原理

図5.1(a) のように，磁極N，Sがつくる静止磁界の中で，O-O′を軸として一定速度 ω_m で回転するコイルのコイル辺 a と a' には，フレミングの右手の法則（vBl 則）によりそれぞれ矢印方向に起電力が誘導する．コイルが半回転しコイル辺 a がS極側，a' がN極側にくると，コイル辺 a および a' のそれぞれに誘導する起電力の方向はこれまでと逆になる．したがって，コイルの両端の起電力は，コイルの1回転によって図5.1(b) の点線で示す交流となる．ここで金属環を2分割した片 C_1 にコイルの両端のひとつを接続，片 C_2 にもうひとつのコイル端を接続し，回転の C_1 を静止のブラシ（黒鉛）B_1 に，また C_2 をブラシ B_2 にそれぞれ機械接触させる．すると，外部端子Aは常にN極側にきたコイル辺と，また外部端子Bは常にS極側にきたコイル辺とそれぞれつながること

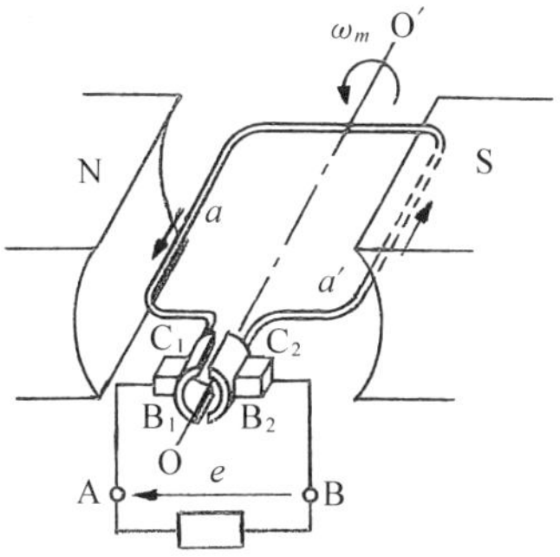

(a)

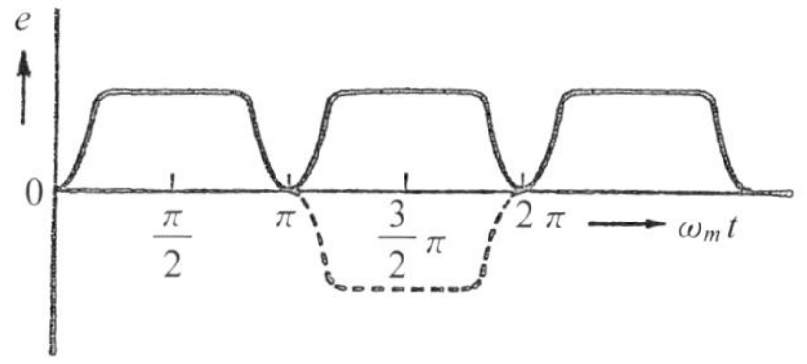

(b)

図 5.1　直流発電機の原理

になり，端子 A，B 間には図 5.1(b) の点線と反対の実線で示す起電力 e を出力する．すなわち，コイルの両端の交流起電力が，金属片とブラシの機械的な作用により，直流電圧に変換されて外部端子に出てくることになる．これを**整流**といい，金属片 C_1, C_2 を**整流子片**，整流子片から構成される環全体を**整流子**とよぶ．

図 5.1(a) において，コイルを軸 O–O′ に直結した原動機で回転させれば，端子間に接続された負荷抵抗に直流電流が流れる．これが**直流発電機**の原理である．

図 5.2(a) のように，外部端子 A，B 間に直流電源を接続するとコイルに電流 i_a が流れる．この場合，整流子片とブラシの機械的な作用により，N 極側にきたコイル辺と S 極側にきたコイル辺にはそれぞれ常に矢印方向の電流が流れる．するとフレミングの左手の法則（iBl 則）により，コイル a 辺と a' のそれぞれに図 5.2(b) に示す電磁力 f が働く．この電磁力によって軸 O–O′ にトルク T が生じ，軸に直結された負荷は回転運動することになる．これが**直流電動機**の原理である．

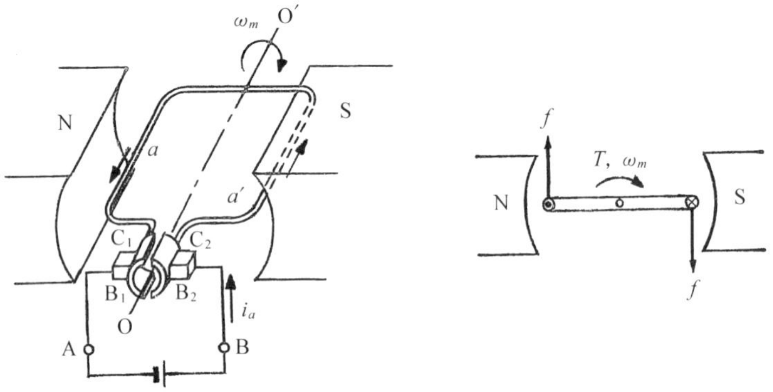

(a) (b)

図 5.2 直流電動機の原理

なお，図 5.1(a) のコイル辺 a と a' のそれぞれに負荷電流が流れると，これらのコイル辺には電磁力が働き，軸 O–O′ に逆回転方向の反抗トルクを生じる．したがって，発電機としての動作を持続させるためには，反抗トルクに打ち勝つトルクを原動機から与え続ける必要がある．一方，図 5.2(a) のコイル辺 a と a' は，トルクの発生よって回転しているので磁界を横切り，電流の流れる方向と逆方向の逆起電力を誘導する．したがって，電動機としての動作を持続させるためには，逆起電力に打ち勝つ電圧を直流電源から与え続ける必要がある．

5.2 直流機の構造

図 5.3 は，小形直流機の構造（1/4 カット）写真である．固定子は**界磁極**（主

図 5.3 直流機の構造

磁極ともいう）と**ブラシ**および**ブラシ保持器**，回転子は**電機子**と**整流子**をそれぞれもつ．

5.2.1 固 定 子

界磁極は主磁束を発生する磁極で，**界磁鉄心**と**界磁巻線**から構成される．界磁鉄心は，厚さ 0.8〜1.6 mm 程度の薄鋼板を，磁極片を有する形状に打ち抜き積層して作り，磁路の一部を形成すると同時に機械の外枠の役目もなす**継鉄**に取り付けられる．界磁巻線は，界磁鉄心の側面を取り囲むように設けられる．

補極は，整流作用をよくするために主磁極の中間に設ける小磁極で，その構造は界磁極に似ており，補極巻線には電機子電流を流す．

直流機の**ブラシ**には電気黒鉛質ブラシを一般に用い，**ブラシ保持器**で保持する．

5.2.2 回 転 子

一般に，回転機において起電力を誘導する巻線を主巻線とよび，主巻線およびそれを収めた鉄心を総称して**電機子**，主巻線を**電機子巻線**とそれぞれいう．直流機では，整流の関係から回転子を電機子とする．

a. 電機子鉄心　電機子鉄心は，界磁鉄心および継鉄とともに磁路を形成する．界磁鉄心および継鉄の中の磁束は直流磁束であるが，電機子鉄心の中の磁束は電機子の回転によって交流磁束となる．したがって電機子鉄心は，鉄損を少なくするために厚さ 0.35 mm または 0.5 mm の**ケイ素鋼板**を所要の形に打ち抜いたものを積層し，これを回転子軸に焼きばめによって固定する．

b. 電機子巻線　電機子鉄心の周辺に複数個のスロットを打ち抜き，それらに複数個の電機子コイルを収める．スロットの形状には**開放スロット**と**半閉スロット**，電機子コイルの導体には平角形と丸形がそれぞれある．電機子巻線には図5.4のように種々の絶縁を施し，巻線が遠心力で飛び出さないように**くさび**止めする．

一般に，中型および大型機では開放スロットに平角銅線を収めた構造が多く，小型機や高速機では半閉スロットに丸銅線を収めた構造が多い．

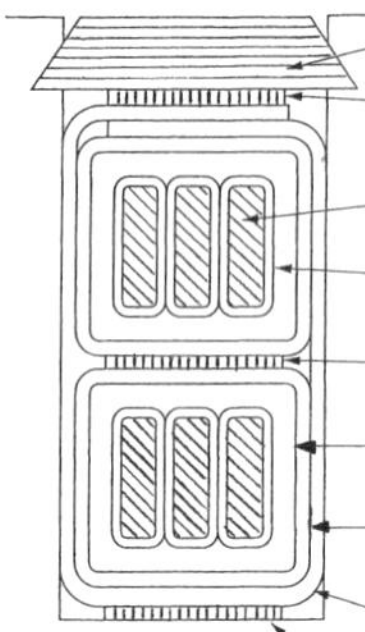

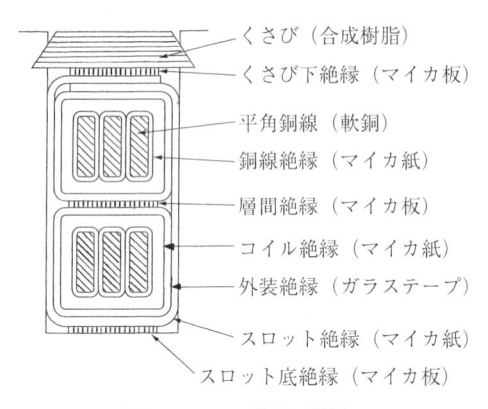

図 5.4　電機子コイルの絶縁（開放スロット・平角銅線）

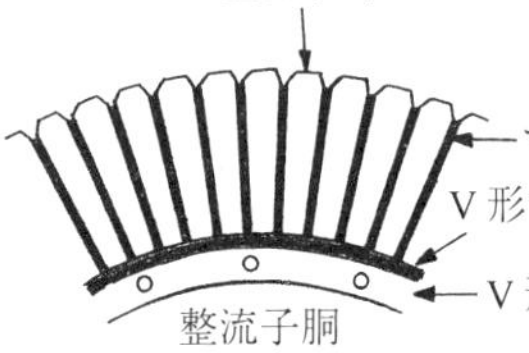

図 5.5　整流子の構造略図

c. 整流子　図5.5は，整流子の構造の略図である．整流子は，硬引銅または銀入銅で作った細長い扇形断面の整流子片と，これを絶縁する厚さ0.5〜1.5 mmの良質のマイカ板とを交互に重ねて円筒形に組み立て，これに両側からV形マイカ絶縁環をはめ，円筒形マイカ板で絶縁した整流子胴に軟鋼または鋳鋼のV形締付環で締め付けて構成する．

5.2.3 電機子巻線法

現在の直流機の電機子巻線は，すべてが亀甲形に成形したコイルを電機子表面に鼓状に分布して巻く**鼓状巻**である．鼓状巻には，図5.4に示した1つのスロット内に2個のコイル辺を上層と下層に分けて収める**二層巻**と，1つのスロット内に1個のコイル辺を収める**単層巻**とがあるが，二層巻が多く採用されている．

また，鼓状巻では巻線の接続に**重ね巻**と**波巻**の2つの方法がある．

a. 重ね巻　図5.6は重ね巻の**巻線図**の一例である．重ね巻には**単重巻**と**多重巻**があるが，図5.6は4極・二層巻で単重巻の場合を示し，図5.6(a)は展開図，図5.6(b)は内部回路である．重ね巻では，図5.6(a)の太線で示す4個のコイル辺の誘導起電力が矢印の方向に相加わって，整流子片とブラシを通じて外部端子に出力する．単重巻は，電機子内部の並列回路数 a が図5.6(b)に示すように磁極数 P と等しい（$a=P$）4つとなる．このように重ね巻は，並列回路数

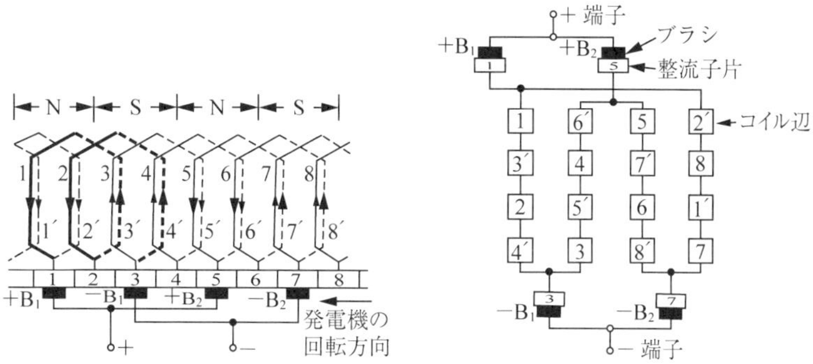

(a) (b)

図 5.6 重ね巻の巻線図

が多くなるので**並列巻**ともよばれ，低電圧・大電流の直流機に適する．

b. 波　巻　図5.7は波巻の巻線図の一例で，4極・二層巻の場合を示し，図5.7(a) は展開図，図5.7(b) は内部回路である．波巻では，図5.7(a) の太線で示す8個のコイル辺の起電力が矢印の方向に相加わって，整流子片とブラシを通じて外部端子に出力する．電機子内部の並列回路数 a は，図5.7(b) に示すように磁極数 P と異なり ($a \neq P$) 2つとなる．このように波巻は，電機子内部の並列回路数が少なく，直列に接続されるコイルの数が多くなるので**直列巻**ともよばれ，高電圧・小電流の直流機に適する．

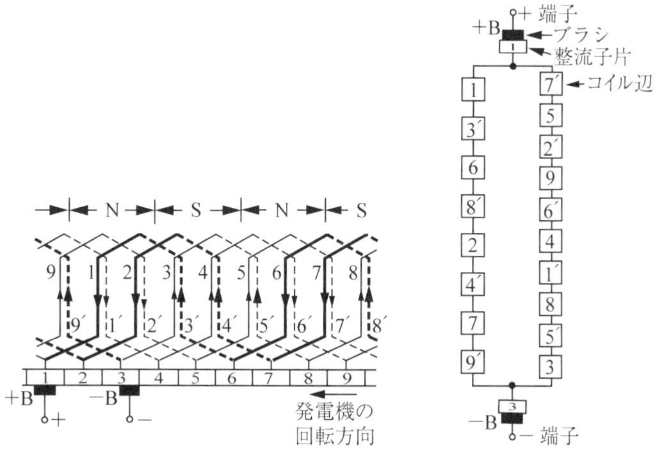

(a) (b)

図 5.7 波巻の巻線図

5.3 直流機の理論

5.3.1 誘導起電力

直流機の界磁極がつくるギャップの磁束密度分布は，構造上の理由から均一ではなく，図5.8(a) のような台形波状である．この磁束密度分布の中を電機子が一定速度で回転すると，フレミングの右手の法則（vBl 則）により，電機子導体にはその位置の磁束密度に比例した図5.8(b)のような波形の起電力が誘導する．

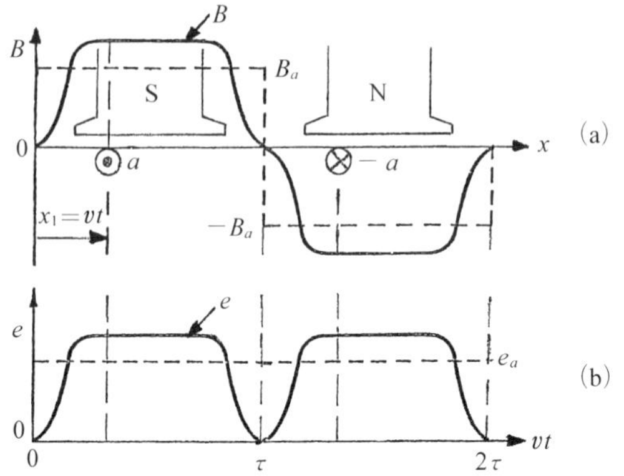

図 5.8　ギャップの磁束密度分布と誘導起電力の関係

磁束密度を B [T]，コイルの巻数を w，電機子導体の有効長さを l [m]，その円周方向の線速度を v （$=x/t$） [m/s] とすれば，誘導起電力の瞬時値 e [V] は，

$$e=2wvBl \text{ [V]} \tag{5.1}$$

となる．したがって，磁極ピッチ τ [m] の界磁極がつくる磁界の中をコイル辺 a が τ [m] ほど移動する間に誘導される起電力の平均値 e_a [V] は，

$$e_a=\frac{1}{\tau}\int_0^\tau edx=2wlv\cdot\frac{1}{\tau}\int_0^\tau Bdx=2wlvB_a \text{ [V]} \tag{5.2}$$

となる．ただし，B_a は磁束密度の平均値で

$$B_a=\frac{1}{\tau}\int_0^\tau Bdx \text{ [T]} \tag{5.3}$$

電機子直径を D [m]，回転角速度を ω_m [rad/s]，回転数を n [s^{-1}]，極数を P とすれば，線速度 v [m/s] は

$$v=\frac{D}{2}\omega_m=\frac{P\tau}{2\pi}\cdot 2\pi n=P\tau n \text{ [m/s]} \tag{5.4}$$

で表される．また，毎極の磁束 Φ [Wb] は

$$\Phi=\tau lB_a \text{ [Wb]} \tag{5.5}$$

で表される．

したがって，式（5.2）に式（5.4）と（5.5）の関係を代入すると

$$e_a=2wlvB_a=2Pw\Phi n\ [\mathrm{V}] \tag{5.6}$$

となる．

いま，電機子導体の総数を Z とすればコイル総数は $Z/2w$ となり，並列回路数を a とすれば電機子端子間（正負のブラシ間）に直列につながれるコイル数は $Z/2wa$ となる．この場合の電機子端子間の**直流起電力** E_a［V］は，次式で与えられる．

$$E_a=e_a\frac{Z}{2wa}=\frac{PZ}{2\pi a}\Phi\omega_m=\frac{PZ}{a}\Phi n\ [\mathrm{V}] \tag{5.7}$$

ここで，P，Z，a は機械によって定まる値であるから，比例定数として

$$K_a=\frac{PZ}{2\pi a},\quad K_a'=\frac{PZ}{a} \tag{5.8}$$

とおくと，式（5.7）は次式のように表される．

$$E_a=K_a\Phi\omega_m=K_a'\Phi n\ [\mathrm{V}] \tag{5.9}$$

上式から，直流起電力は磁束 Φ と回転数 n との積に比例することがわかる．

5.3.2 ト　ル　ク

ギャップの磁束密度が B［T］の磁界中で，有効長さ l［m］の電機子導体に電流 i_a［A］が流れると，電機子導体にはフレミングの左手の法則（iBl 則）によって電機子円周の接線方向に力が働く．このときの1本の導体に働く力 f［N］は，次式で与えられる．

$$f=i_aBl\ [\mathrm{N}] \tag{5.10}$$

図5.9に示すように，界磁極がつくる磁束密度分布は台形波状であるので，1本の導体に働く力の大きさはその移動位置において異なり，N極とS極の下における力の方向は同じになる．1本の導体に磁極ピッチ τ［m］の1磁極にわたって働く力の平均値 f_a［N］は

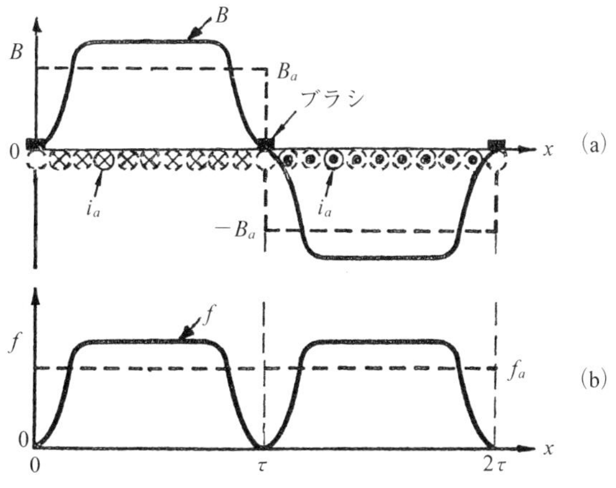

図 5.9　ギャップの磁束密度分布と導体に働く力の関係

$$f_a=\frac{1}{\tau}\int_0^\tau f dx=li_a\frac{1}{\tau}\int_0^\tau B dx=B_a l i_a \text{ [N]} \tag{5.11}$$

となる．ただし B_a は平均磁束密度で，前述の式（5.3）で表される．

したがって，電機子直径を D [m] とすれば，1本の導体に作用する平均トルク τ_a [N•m] は

$$\tau_a=f_a\frac{D}{2}=B_a l i_a\frac{D}{2} \text{ [N•m]} \tag{5.12}$$

となり，総数 Z の全電機子導体に作用する全トルク T [N•m] は

$$T=Z\tau_a=ZB_a l i_a\frac{D}{2} \text{ [N•m]} \tag{5.13}$$

となる．

ここで，極数を P，並列回路数を a，毎極の磁束を Φ [Wb]，電機子電流を I_a [A] とすれば，全トルクは次式のように表される．

$$\begin{aligned}T&=ZB_a l i_a\frac{D}{2}=ZB_a l\frac{I_a}{a}\frac{P\tau}{2\pi}=\frac{PZ}{2\pi a}l\tau B_a I_a=\frac{PZ}{2\pi a}\Phi I_a\\&=K_a\Phi I_a \text{ [N•m]}\end{aligned} \tag{5.14}$$

ただし，$K_a=PZ/(2\pi a)$ で，式（5.8）と同じ比例定数である．

上式から，発生トルクは磁束 Φ と電機子電流 I_a の積に比例し，回転速度とは無関係であることがわかる．

5.3.3　電気-機械エネルギー変換

図5.10は，直流機の電機子等価回路である．この図では誘導起電力を E_a [V]，端子電圧を V [V]，電機子電流を I_a [A]，電機子抵抗を R_a [Ω]，電機子の回転角速度を ω_m [rad/s]，発生トルクを T [N•m] としている．

直流機の電機子における機械的動力 P_2（$=\omega_m T$）と電力 $E_a I_a$ [W] の関係は，式（5.9）および（5.14）から

$$P_2=\omega_m T=\omega_m K_a\Phi I_a=E_a I_a \text{ [W]} \tag{5.15}$$

となる．

式（5.15）は，電機子において機械エネルギーが電気エネルギーに変換，またはその逆の変換が行われることを意味する．

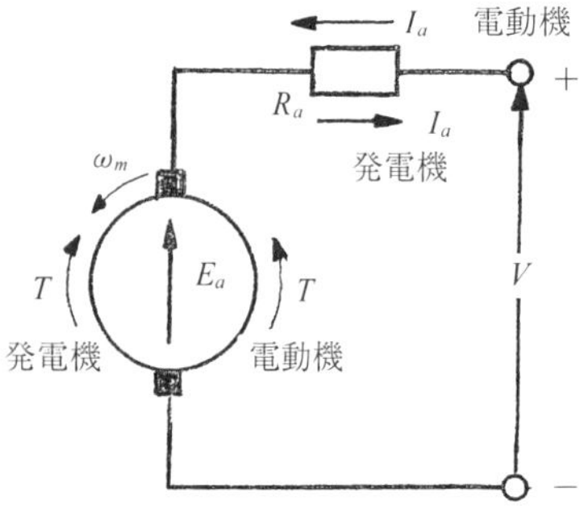

図 5.10　直流機の電機子等価回路

図5.10の電機子等価回路から，電流 I_a が流出する発電機の場合は，誘導起電力と端子電圧の関係が

$$E_a=V+R_a I_a \text{ [V]} \tag{5.16}$$

となり，この式の両辺に I_a を乗ずると

$$E_a I_a=VI_a+R_a I_a^2 \text{ [W]} \tag{5.17}$$

となる．ここで，上式の左辺は，式（5.15）より機械的動力に等しい．また，右辺第2項は電

機子抵抗による銅損である．

したがって発電機では，機械エネルギー（機械的動力 $\omega_m T$）が電気エネルギー（電力 $E_a I_a$）に変換され，その一部が熱エネルギー（銅損 $R_a I_a^2$）に変換されて失われ，残りの電気エネルギー（電力 VI_a）が出力である．なお，電機子を一定角速度 ω_m で回転させ発電機として動作させるには，発生トルク T に打ち勝つトルクを外部から加えなければならない．

電流 I_a が流入する電動機の場合は，誘導起電力と端子電圧の関係が

$$V = E_a + R_a I_a \ [\mathrm{V}] \tag{5.18}$$

となり，この式の両辺に電流 I_a を乗ずると

$$VI_a = E_a I_a + R_a I_a^2 \ [\mathrm{W}] \tag{5.19}$$

となる．

したがって電動機では，入力する電気エネルギー（電力 VI_a）の一部が熱エネルギー（銅損 $R_a I_a^2$）に変換されて失われ，残りの電気エネルギー（電力 $E_a I_a$）が機械エネルギー（機械的動力 $\omega_m T$）に変換される．なお，電機子に電流を流入させ，電動機として動作させるには，誘導起電力に打ち勝つ電圧を外部から供給しなければならない．

5.4　電機子反作用と整流

5.4.1　電機子反作用

図 5.11(a) において，電機子巻線に電流が流れていなければ，界磁起磁力 $\dot{F}_f$ によるギャップの磁束密度分布は図 5.11(b) の破線のような台形波状になる．このときの磁束密度が零になる磁極の中間位置 YY′ を，**幾何学的中性軸**という．

負荷がかかり，電機子巻線に電流が流れると，界磁起磁力と直交する方向に電機子起磁力 $\dot{F}_a$ が生じる．すると，ギャップ磁束は電機子起磁力の影響を受けて，図 5.11(b) の実線のような磁極端の一方に偏った分布になる．鉄心に磁気飽和がある場合は，磁束密度が点線で示す大きさに減少する．なお，電機子電流

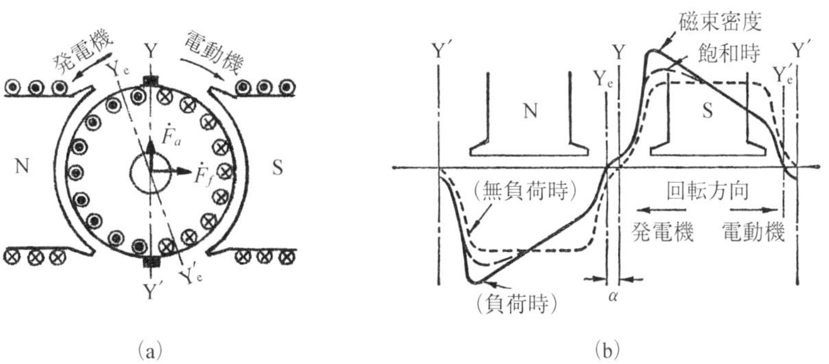

図 5.11　電機子反作用

が流れているときのギャップ磁束密度が零になる位置 Y_eY_e' を**電気的中性軸**という．

このように，負荷時のギャップ磁束の分布や大きさは，電機子起磁力の作用によって変化する．これを**電機子反作用**とよぶ．

5.4.2　整　　流

図5.12は，整流を受けるコイル（太線で表示）の整流開始直前，整流中，整流終了時のそれぞれにおける電流を示したものである．

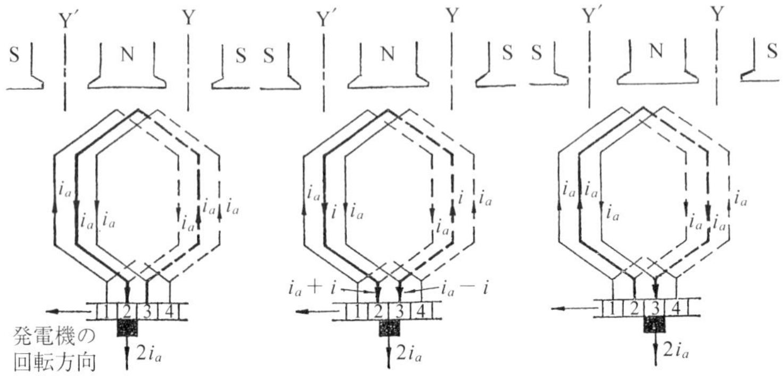

(a) 整流開始直前　(b) 整流中　(c) 整流終了

図 5.12　整流作用

5.1節で述べたように，コイルを流れる電流 i_a の方向は整流開始直前，整流終了時とでは強制的に反転するが，図5.12(b) の整流中は，たとえコイルに誘導する起電力が零であっても，コイルのインダクタンスのために電流はただちに零にはなりえず，整流子片2とブラシと整流子片3を通って短絡電流 i が流れる．

整流の開始から終了までの時間を**整流時間** T_e といい，T_e は通常0.5〜2 ms程度である．この整流時間 T_e のあいだに，コイルの電流 i は $+i_a$ から $-i_a$ まで変化する．その変化状況を表したものが図5.13の**整流曲線**である．

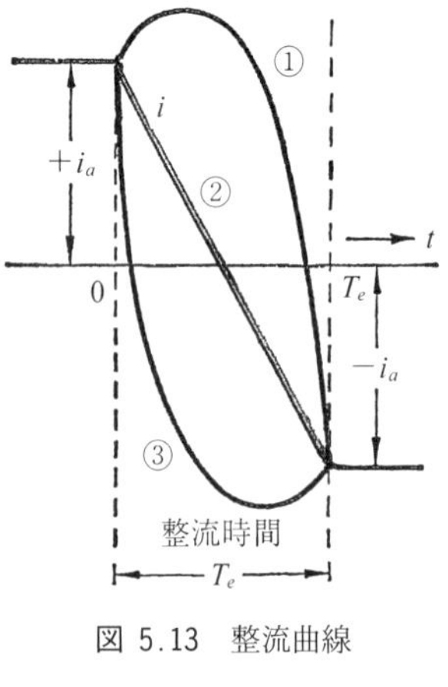

図 5.13　整流曲線

ブラシが幾何学的中性軸にある場合，電機子反作用によって電気的中性軸が移動するので，整流を受けているコイルには，整流開始直前の電流方向と同じ向きに速度起電力が誘導する．そのためコイルには大きな短絡電流が流れるが，同時にコイルのインダクタンス L [H] によって電流の変化が妨げられるので，整流曲線は図5.13の①のようになる．この場合，整流の終わり近くで電流の変化が大きくなるので，$e_L=-L(di/dt)$ で表される**リアクタンス電圧**は非常に高くなり，ブラシが整流子片 2 を離れる瞬間に，ブラシの後端から火花を発生しやすい．これを**不足整流**という．

整流曲線②は電流 i が直線的に変化するもので，**直線整流**といい，ブラシの接触面における電流密度が常に一様であるので理想的な整流である．これは，接触抵抗の大きいブラシを用いて短絡電流を小さくし，および補極を設けてリアクタンス電圧を打ち消す**整流電圧**を誘導することによって実現できる．

なお，補極の起磁力が強すぎると，整流電圧が高くなりすぎて，整流曲線③のように整流開始初期の電流 i の変化が大きくなり，リアクタンス電圧が非常に高くなってブラシの先端から火花を発生しやすい．これを**過整流**という．

5.4.3　補極と補償巻線

a. 補　極　前述したように，ブラシと整流子片間の火花の発生を防ぐため，一般に直流機には図 5.14 のような**補極**が設けられる．

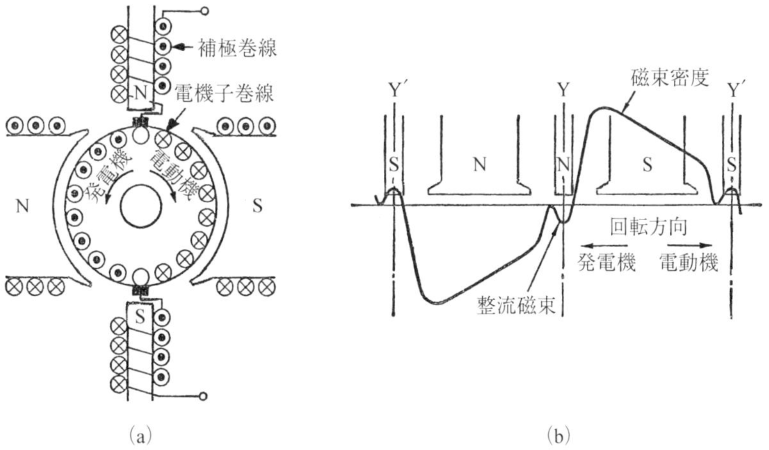

図 5.14　補極の極性とギャップの磁束密度分布

補極は，幾何学的中性軸上に固定したブラシの真上に設ける．その励磁巻線は，発電機の場合，それがつくる磁極の極性が回転方向に 1 つ進んだ（電動機の場合は遅れた）界磁極の極性と同じになるように，電機子巻線と直列に接続する．

b. 補償巻線　電機子反作用によってギャップ磁束に偏りが生じると，磁気飽和が生じて界磁磁束が減少し，電機子誘導起電力が小さくなる．また，高い密度の磁束を横切るコイルには大きな起電力が誘導し，それに接続された整流子片間の電圧が高くなる．この場合，過負荷または負荷の急変などで整流子片間の電圧が高くなりすぎると，正負のブラシ間がアークで短絡される，いわゆる**フラッシオーバ**が起こり，機械の損傷につながる．

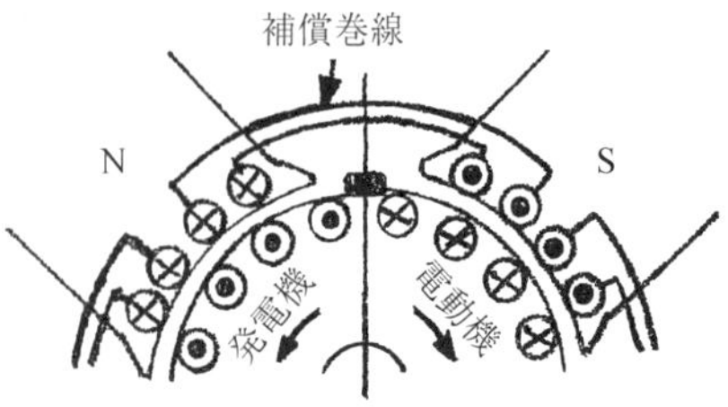

図 5.15　補償巻線

これらの悪影響を防止するため，大容量の直流機，また速度調整範囲の広い直流電動機には，図5.15のような**補償巻線**が設けられる．補償巻線は電機子起磁力を打ち消すため，界磁極片部に電機子コイルと相対して施し，電機子巻線と反対の極性に直列接続する．

5.5　励　磁　方　式

直流機の界磁磁束は，小型機では永久磁石でつくることもあるが，普通は鉄心に施した界磁巻線を直流励磁することによってつくる．この場合の励磁方式の種類を下記に示す．

- 励磁方式
  - 他励式
  - 自励式
    - 直巻式
    - 分巻式
    - 複巻式
      - 和動複巻式
      - 差動複巻式

直流機の動作および特性は励磁方式によって大きく相違することから，直流機は一般に他励発電機，直巻電動機などのように，励磁方式を付けた名称でよぶ．

図5.16は各種励磁方式の結線図である．ここで負荷電流 I，電機子電流 I_a，界磁電流 I_f の方向は，発電機を基準にしている．電動機の場合は，I および I_a のそれぞれの方向が図に示す方向と逆になる．

図5.16(a) は，界磁電流を電機子回路（端子電圧 V）と別の電源（電圧 V_f）から取る**他励式**で，$I=I_a$ となる．

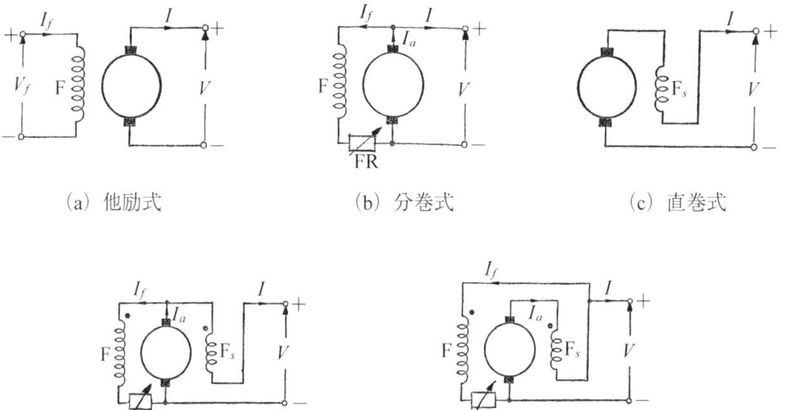

(a) 他励式　(b) 分巻式　(c) 直巻式

(d) 複巻式（内分巻）　(e) 複巻式（外分巻）

図 5.16　励磁方式の種類

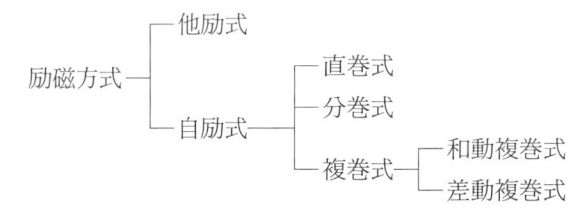

図 5.16(b) は，界磁巻線と電機子巻線とを並列に接続する**分巻式**で，$I_a = I + I_f$ となる．なお，電動機の場合は $I = I_a + I_f$ となる．

図 5.16(c) は，界磁巻線と電機子巻線とを直列に接続する**直巻式**で，$I_a = I_f = I$ となる．

図 5.16(d) および (e) は，分巻界磁巻線 F と直巻界磁巻線 F_s を併用する**複巻式**である．ここで，両界磁巻線の起磁力が相加わるように接続されたものを**和動複巻**といい，それらの起磁力が相反するように接続されたものを**差動複巻**という．なお，図 5.16(d) のように分巻界磁巻線が電機子側に接続されているものを**内分巻**といい，図 5.16(e) のように分巻界磁巻線が端子側に接続されているものを**外分巻**という．内分巻は発電機の場合に用い，外分巻は電動機の場合に用いられる．

5.6 直流発電機の特性

近年，半導体電力変換装置の発達により交流を大容量の直流に変換することが容易になったので，直流発電機の重要性は薄れてきているが，他励発電機や分巻発電機は現在も使用されている．本節では，これらの発電機の無負荷特性曲線，外部特性曲線，電圧変動率について説明する．

5.6.1 特性の基本的関係

直流機には鉄心の磁気飽和現象と電機子反作用があるので，磁束をつくる界磁電流 I_f と磁束 Φ の関係は直線ではなく，Φ は I_f と電機子電流 I_a の関数となり，次式で表示できる．

$$\Phi = \phi(I_f, I_a) \ \text{[Wb]} \tag{5.20}$$

直流機の誘導起電力 E_a は，式 (5.9) から

$$E_a = K_a \Phi \omega_m \ \text{[V]}$$

である．

したがって，誘導起電力も界磁電流と電機子電流の関数となる．

発電機に負荷がかかっているときの端子電圧 V は，式 (5.16) から次式となる．

$$V = E_a - R_a I_a = K_a \Phi \omega_m - R_a I_a \ \text{[V]} \tag{5.21}$$

式 (5.20) および (5.21) から，端子電圧 V は，回転角速度 ω_m，界磁電流 I_f，電機子電流 I_a，電機子回路の抵抗 R_a などによって変化することになる．

以上の関係から，直流発電機の種々の特性曲線が求められる．

5.6.2 他励発電機の特性

図 5.17 は，**他励発電機**の等価回路である．ここで R_a は電機子回路の抵抗で，電機子巻線，補極巻線，補償巻線のそれぞれの抵抗，ブラシの接触抵抗などを含むものとする．また，R_f は界磁回路の抵抗で，界磁巻線の抵抗と界磁抵抗器の

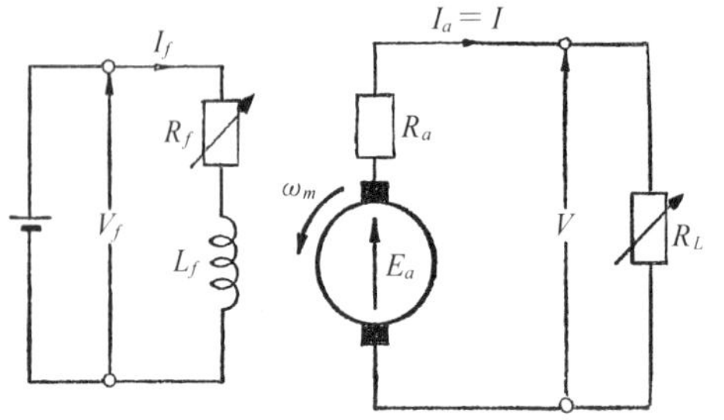

図 5.17　他励発電機の等価回路

抵抗を含み，L_f は界磁巻線の自己インダクタンスである．R_L は負荷抵抗を表す．

他励発電機は，図のように界磁回路と電機子回路とが分離されており，界磁回路は別の直流電源に接続される．

a. 無負荷特性曲線　他励発電機を定格速度に保ちながら無負荷で運転し，界磁回路の抵抗 R_f を変えて界磁電流 I_f を増減させたとき，I_f と端子電圧（無負荷誘導起電力 E_0）の関係は図 5.18 に示すような曲線になる．これを**無負荷飽和曲線**または**無負荷特性曲線**という．

鉄心など磁気回路を構成する鉄材は，磁気の飽和現象およびヒステリシス現象を生ずる．したがって，飽和現象によってギャップ磁束 Φ と I_f の関係は直線的でなくなり，E_0 と I_f の関係は曲線になる．また，ヒステリシス現象によって，I_f の増加時と減少時とでは E_0 の大きさが異なってくる．鉄材は，一度磁化されると磁束が残る．これを**残留磁束**といい，それによる無負荷誘導起電力 E_r を**残留電圧**という．

b. 外部特性曲線　他励発電機に負荷をかけて定格速度で運転し，界磁回路の抵抗 R_f および負荷抵抗 R_L によって，端子電圧 V を定格電圧 V_n および負荷電流 I を定格電流 I_n にそれぞれ調整した後，界磁電流 I_f を変えないで，負荷抵抗 R_L を変えたときの V と I の関係は図 5.19 に示すような曲線になる．これを**外部特性曲線**という．

負荷時の電機子誘導起電力 E_a は，電機子反作用の影響を受けて，負荷電流 I の増加にともなって無負荷誘導起電力 E_0 から次第に低下していく．この E_a を

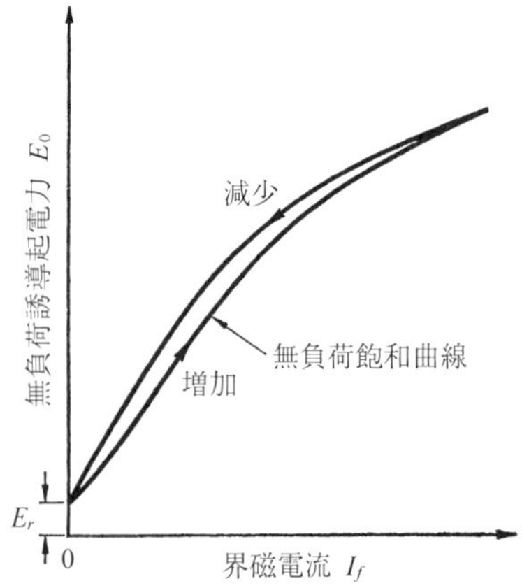

図 5.18　他励発電機の無負荷特性曲線

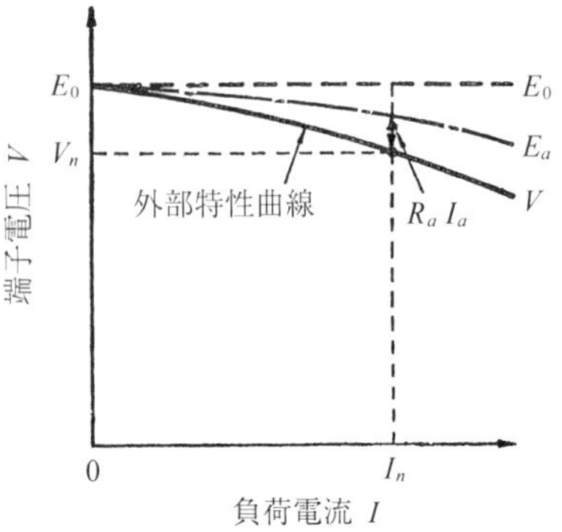

図 5.19　他励発電機の外部特性曲線

内部特性曲線という．端子電圧 V は，E_a よりもさらに電機子回路の抵抗による電圧降下 R_aI_a だけ低くなる．

電機子反作用が無視できる場合には，$E_a=E_0$ であるから $V=E_a-R_aI_a=E_0-R_aI_a$ となり，V と I（$I=I_a$）の関係は直線となる．

5.6.3　分巻発電機の特性

図 5.20 は**分巻発電機**の等価回路である．分巻発電機は，界磁回路が別の直流電源に接続されるのではなく，出力端子に対して電機子回路と並列に接続される．

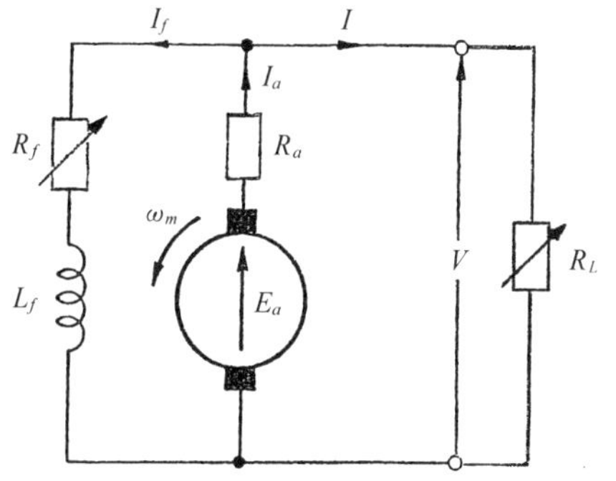

図 5.20　分巻発電機の等価回路

a. 無負荷特性曲線　分巻発電機は図 5.21 に示すように，鉄心の残留磁束を利用して界磁の自己励磁をはかる発電機である．この図をもとにして自己励磁を説明すると，次のようになる．

発電機の電機子を回すと，残留磁束によってわずかの起電力 E_r が誘導し，界磁電流 I_{f1} が流れて界磁を励磁する．その結果，界磁磁束は増加し，誘導起電力は E_1 に増えて，界磁電流も I_{f2} に増える．この過程を順次繰り返しながら無負荷電圧は上昇し，無負荷飽和曲線 S と界磁抵抗線 F との交点 P で安定な一定値 E_0 に落ち着く．このように，**自己励磁**によって電圧が次第に上昇して一定値に落ち着く現象を**電圧確立**という．

界磁抵抗線は界磁回路の抵抗 R_f による電圧降下 R_fI_f であり，その傾斜角 θ と R_f には次の関係がある．

$$\tan\theta=\frac{V}{I_f}=R_f \qquad (5.22)$$

R_f が大きくなるほど界磁抵抗線の傾斜は急になり，界磁抵抗線 F′ が無負荷

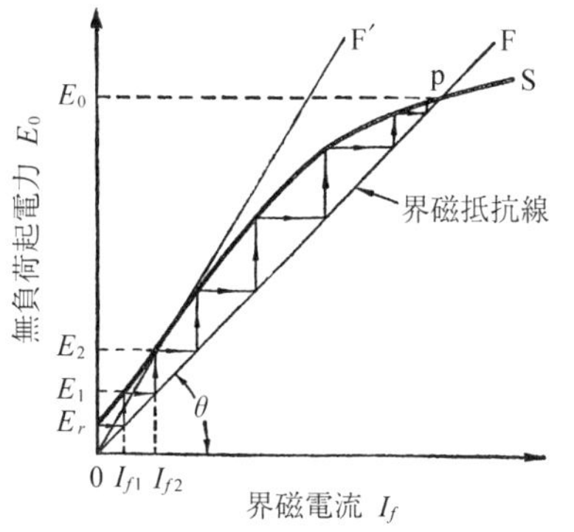

図 5.21　分巻発電機の自己励磁

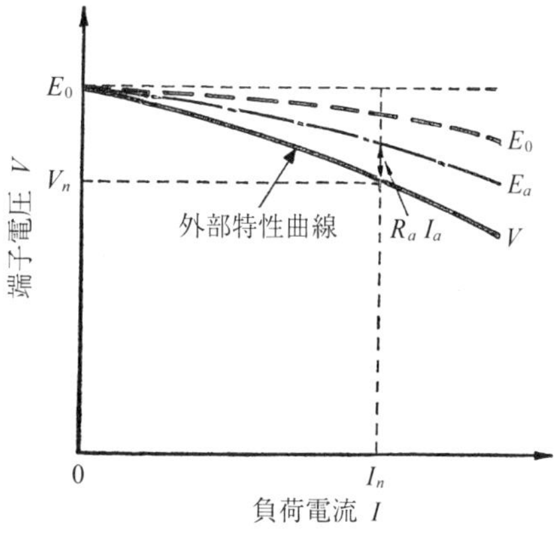

図 5.22　分巻発電機の外部特性曲線

飽和曲線Sに接すると，電圧は不安定になる．このときの界磁回路の抵抗を**臨界抵抗**という．

b. 外部特性曲線　図5.22は，分巻発電機の外部特性曲線である．分巻発電機においても他励発電機と同様に，電機子反作用によって誘導起電力がE_0からE_aに減少し，電機子回路の抵抗による電圧降下R_aI_aも生じて，負荷電流Iの増加とともに端子電圧Vは低下する．ただしこの場合，分巻発電機の界磁回路の電源は出力電圧Vであるため，Vの低下にともなって界磁電流$I_f=V/R_f$も減少し，無負荷誘導起電力$E_0=K_a\phi(I_f)\omega_m$が低下する．したがって分巻発電機は，他励発電機に比べて端子電圧の低下が大きく，過負荷になると端子電圧が急激に低下する．

5.6.4　直巻発電機と複巻発電機の特性

図5.23(a)は**直巻発電機**の等価回路，図5.23(b)は**複巻発電機**（内分巻）の等価回路である．

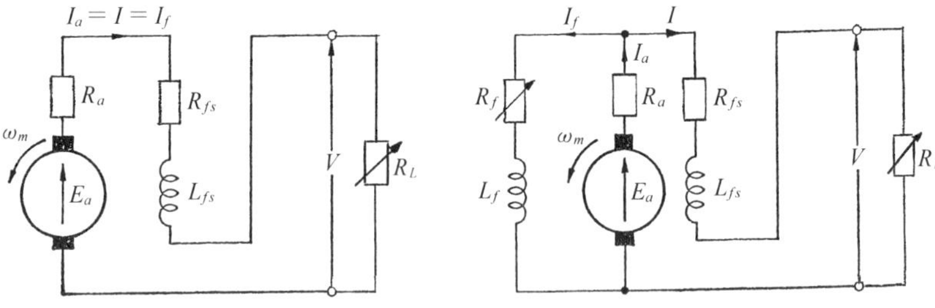

(a) 直巻発電機　　(b) 複巻発電機

図5.23　直巻および複巻発電機の等価回路

図5.24(a)の曲線Sは，直巻発電機の界磁巻線を他励磁した場合の無負荷飽和特性である．直巻発電機は，無負荷では界磁電流が流れないので自己励磁による電圧確立は起こらない．しかし，発電機に負荷R_Lを接続すると電流の閉回路が形成され，残留電圧E_rによって界磁電流が流れて，発電機は自己励磁する．この場合，誘導起電力は電機子回路の全抵抗による電圧降下$(R_a+R_{fs}+R_L)I$とつり合う電圧E_0まで上昇し，端子電圧VはE_0から電圧降下$(R_a+R_{fs})I$を差し引いた値，すなわち外部特性曲線Vとなる．

複巻発電機は図5.23(b)からわかるように，無負荷特性が分巻発電機とまったく同じになる．分巻発電機では負荷がかかると端子電圧は低下するが，分巻界磁に直巻界磁が和として加わる**和動複巻発電機**は，直巻界磁の度合によって，図5.24(b)に示すような全負荷時に定格電圧となる**平複巻**，また**過複巻**，**不足複巻**などの外部特性曲線が得られる．一方，直巻界磁が分巻界磁を打ち消すように動作する**差動複巻発電機**の端子電圧は，負荷電流の増加とともに著しく低下する

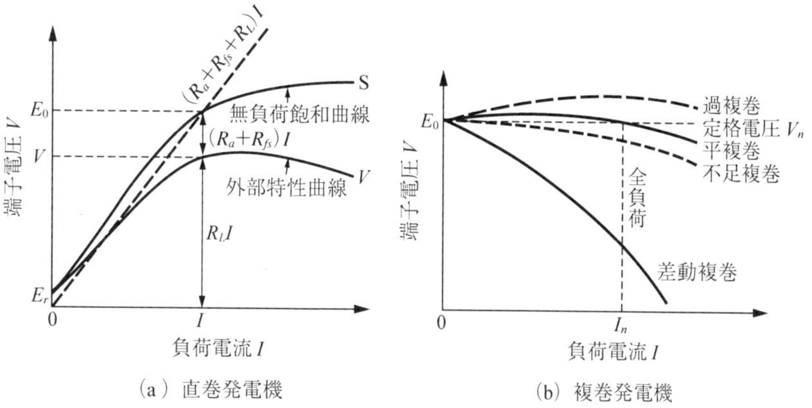

図 5.24 直巻および複巻発電機の外部特性曲線

垂下特性になる．

5.6.5 電圧変動率

前述したように，発電機の負荷が変化すると端子電圧が変化する．端子電圧の変化の程度を表すのに**電圧変動率**を用いる．

発電機に負荷をかけて定格速度で運転し，界磁回路の抵抗 R_f を調整して定格負荷電流 I_n および定格電圧 V_n にする．次に，界磁回路をそのままにした状態で発電機を無負荷にする．このときの端子電圧を V_0 とすると，電圧変動率 ε は次式で表される．

$$\varepsilon=\frac{V_0-V_n}{V_n}\times 100 \ [\%] \tag{5.23}$$

5.7 直流電動機の特性

5.7.1 特性の基本的関係

直流機の誘導起電力と発生トルク，また電動機の電圧等式は，式 (5.9) と (5.14)，また (5.18) から

$$E_a=K_a\Phi\omega_m \ [\mathrm{V}]$$
$$T=K_a\Phi I_a \ [\mathrm{N\cdot m}]$$
$$V=E_a+R_aI_a \ [\mathrm{V}]$$

である．

これらの式から，回転角速度 ω_m は次式の関係で示される．

$$\omega_m=\frac{V-R_aI_a}{K_a\Phi} \ [\mathrm{rad/s}] \tag{5.24}$$

または

$$\omega_m = \frac{V}{K_a\Phi} - \frac{R_a}{(K_a\Phi)^2}T \ \ [\text{rad/s}] \tag{5.25}$$

式（5.24）から，回転角速度 ω_m は端子電圧 V，磁束 Φ，電機子回路の抵抗 R_a などによって変化することになる．

以上の関係から，直流電動機の種々の特性曲線が求められる．

5.7.2　他励電動機と分巻電動機の特性

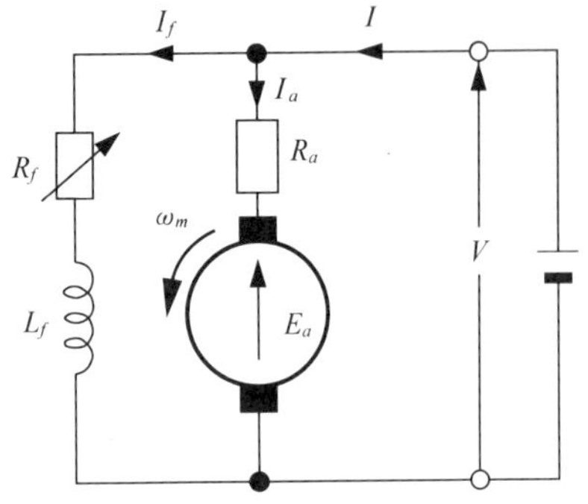

図 5.25　分巻電動機の等価回路

図5.25は**分巻電動機**の等価回路である．**他励電動機**と分巻電動機の違いは，界磁回路が電機子回路の電源と別の電源に接続されるか，されないかだけであり，そのほかは同じである．分巻電動機では負荷電流 I，電機子電流 I_a，界磁電流 I_f の関係が $I = I_a + I_f$ となり，他励電動機では $I = I_a$ となる．ただし分巻電動機の場合，一般に $I_f \ll I_a$ であるので，$I \simeq I_a$ となる．

a. 速度特性　他励および分巻電動機において，界磁電圧および端子電圧 V と界磁回路の抵抗 R_f をそれぞれ一定に保つと，界磁電流 I_f は一定になるので，電機子反作用を無視すると磁束 Φ が一定になる．この場合，電動機の**速度特性曲線**は，式（5.24）から図5.26(a) の破線で示す直線になる（電流の小さい範囲では実線と重なっている）．他励および分巻電動機は，電機子回路に外部抵抗をもたない限り $R_aI_a \ll V$ であるので，負荷の変化に対して速度 ω_m の変化が非常に小さく，**定速度電動機**とみなすことができる．

電動機が補償巻線をもたない場合は，電機子反作用の減磁作用を受けて磁束が減少し，負荷の大きな範囲では図5.26(a) の実線のように速度が上昇傾向になる．

なお，式（5.24）から明らかなように，界磁回路が断線すると磁束の激減によって電機子が非常に高速となり，電機子の機械的破壊などをまねくおそれがある．したがって，界磁回路の断線には特に注意を払う必要がある．

b. トルク特性　式（5.14）から，トルク T は磁束 Φ と電機子電流 I_a の積に比例し，電機子反作用を無視した場合は磁束が一定となるので，**トルク特性曲線**は図5.26(b) の破線で示す直線になる．

c. 速度トルク特性　式（5.25）から，電機子反作用を無視した場合の**速度-トルク特性曲線**は，図5.26(c) の破線で示す直線になる．

5.7.3　直巻電動機の特性

図5.27は**直巻電動機**の等価回路である．直巻電動機では $I = I_a = I_f$ の関係に

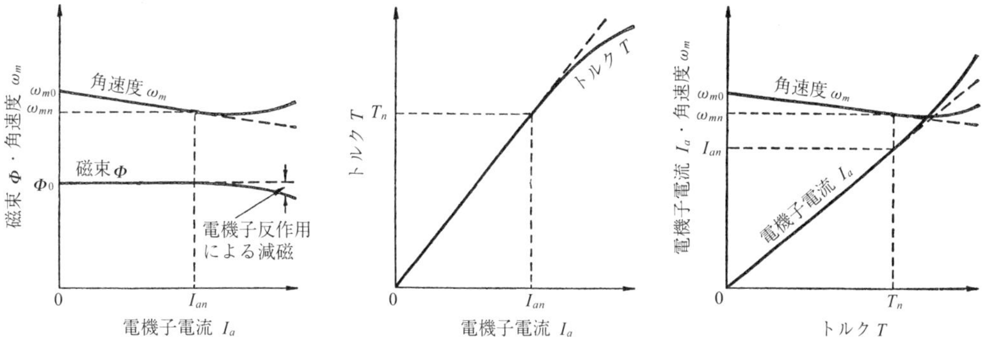

(a) 速度特性曲線　(b) トルク特性曲線　(c) 速度-トルク特性曲線

図 5.26 他励および分巻電動機の特性

あるので，電機子電流 I_a の変化に応じて磁束 Φ が変化する．この場合，Φ は鉄心の磁気飽和がない範囲では I_a にほぼ比例して増加し，I_a が大きく，磁気飽和を生ずると Φ の増加が鈍る．

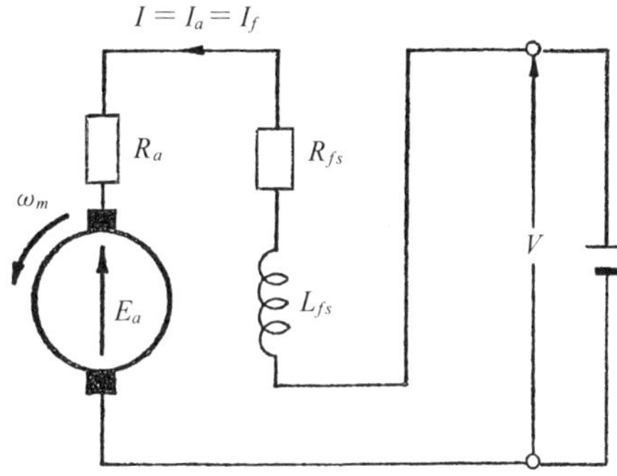

図 5.27 直巻電動機の等価回路

a. 速度特性　等価回路から，電圧等式は次式となる．

$$V=E_a+(R_a+R_{fs})I_a$$
$$=K_a\Phi\omega_m+(R_a+R_{fs})I_a\ [\mathrm{V}] \tag{5.26}$$

鉄心の磁気飽和を無視すれば，電機子電流 I_a と磁束 Φ の関係は

$$\Phi=K_0I_a \quad (K_0：比例定数) \tag{5.27}$$

とおける．

式 (5.26) に式 (5.27) を代入すれば

$$\omega_m=\frac{V-(R_a+R_{fs})I_a}{K_aK_1I_a}=K_1\left\{\frac{V}{I_a}-(R_a+R_{fs})\right\}\ [\mathrm{rad/s}] \tag{5.28}$$

となる．ただし，$K_1=1/K_aK_0$ である．

一般に $(R_a+R_{fs})\ll V/I_a$ であるから，式 (5.28) は近似的に

$$\omega_m\simeq V/I_a\ [\mathrm{rad/s}] \tag{5.29}$$

となる．式 (5.29) から，速度特性曲線は図 5.28(a) の破線（一部実線と重複）で示す双曲線となる．実際は，I_a が大きくなると磁気飽和を生じて Φ は I_a に比例しなくなるので，I_a が大きいところでは実線のように速度の降下が双曲線よりも緩やかになる．

b. トルク特性　式（5.14）に式（5.27）を代入すると

$$T = K_a K_0 I_a{}^2 = \frac{I_a{}^2}{K_1} \ [\mathrm{N \cdot m}] \tag{5.30}$$

となる．式（5.30）から，トルク特性曲線は図5.28(b）の破線で示す放物線となる．実際は，I_a が大きいところでは磁気飽和の影響を受けて，T 曲線が実線のように直線的になる．

直巻電動機の特徴のひとつは，電流の2乗に比例したトルクを発生することにある．

c. 速度トルク特性　式（5.30）から，I_a と T の関係は

$$I_a = \sqrt{K_1}\sqrt{T} \ [\mathrm{A}] \tag{5.31}$$

となる．式（5.28）に式（5.31）を代入すれば

$$\omega_m = K_1\left\{\frac{V}{\sqrt{K_1}\sqrt{T}} - (R_a + R_{fs})\right\} \ [\mathrm{rad/s}] \tag{5.32}$$

となる．一般に $(R_a + R_{fs}) \ll V/I_a = V/\sqrt{K_1}\sqrt{T}$ であるから，式（5.32）は近似的に

$$\omega_m \simeq \frac{\sqrt{K_1}\,V}{\sqrt{T}} \ [\mathrm{rad/s}] \tag{5.33}$$

となり，速度 ω_m はトルクの平方根 $\sqrt{T}$ に反比例することになる．

式（5.33）から，速度-トルク特性曲線は図5.28(c）の破線のようになる．実際は，T が大きいところでは磁気飽和の影響を受けて，実線のように速度の降下が小さくなる．

直巻電動機は，負荷の変化によって速度が大幅に変化するので，**変速度電動機**とよばれる．

なお，速度-トルク特性曲線からわかるように，直巻電動機は無負荷に近づくと急激に高速となるので危険である．したがって，この電動機は無負荷運転を行

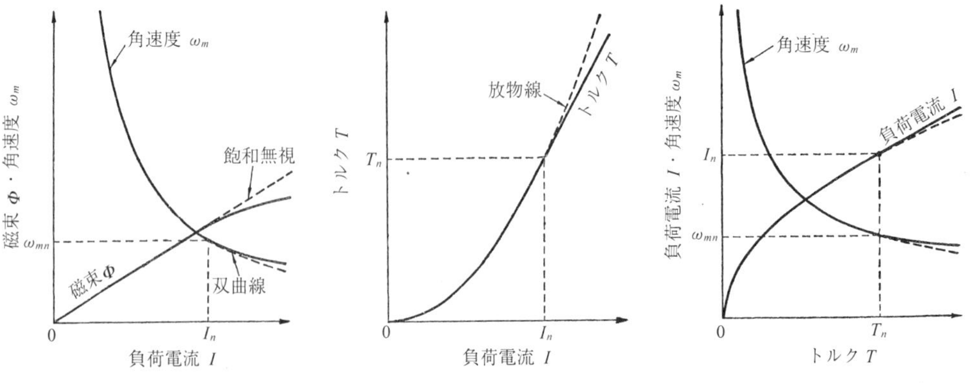

(a) 速度特性曲線　(b) トルク特性曲線　(c) 速度-トルク特性曲線

図 5.28　直巻電動機の特性

ってはいけない．

5.7.4　複巻電動機の特性

複巻電動機として用いられるのは主として**和動複巻電動機**であり，その外分巻の等価回路を図 5.29 に示す．この電動機は，負荷電流 I，電機子電流 I_a，分巻界磁電流 $I_f=V_f/R_f$，直巻界磁電流 $I_{fs}=I_a$ の関係が $I=I_a+I_f$ で，I_a による直巻界磁磁束が I_f による分巻界磁磁束に加わるようにしてある．

和動複巻電動機の特徴は，分巻界磁巻線の起磁力 N_fI_f と直巻界磁巻線の起磁力 $N_{fs}I_a$ の割合を適当に選ぶことによって，分巻電動機と直巻電動機の中間の特性を得ることができることにある．この電動機は，無負荷になっても分巻界磁磁束があるので，直巻電動機のように危険な高速度になる心配はない．

図 5.30 は，各種直流電動機の速度-トルク特性曲線の比較を示したものである．

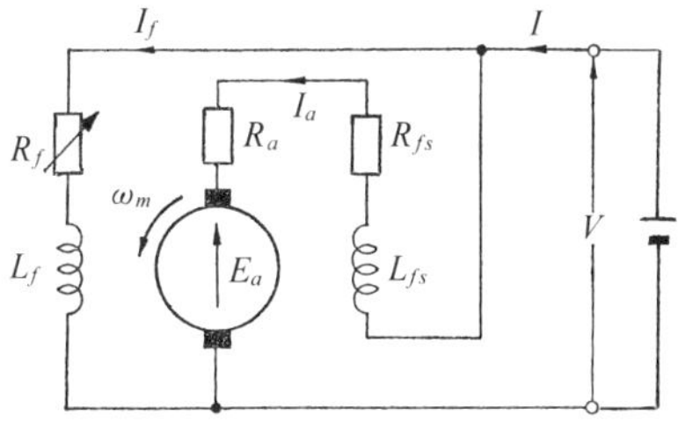

図 5.29　複巻電動機の等価回路

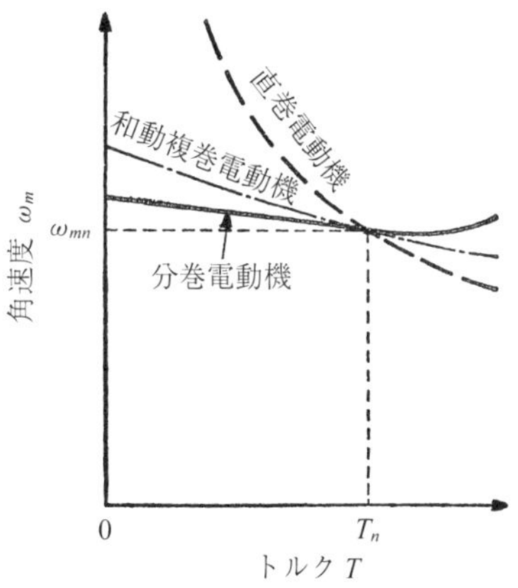

図 5.30　直流電動機の速度トルク特性の比較

5.8　直流電動機の始動と制動

5.8.1　電動機の始動

電動機の電機子電流 I_a は，式 (5.18) から次式で表される．

$$I_a=\frac{V-E_a}{R_a}\ [\mathrm{A}] \tag{5.34}$$

速度が零 ($\omega_m=0$) のときには誘導起電力が零 ($E_a=K_a\Phi\omega_m=0$) であるから，始動電流は次式となる．

$$I_a=\frac{V}{R_a}\ [\mathrm{A}] \tag{5.35}$$

一般に R_a の値は非常に小さいので，電動機に全電圧を加えて始動すると，定格電流の数倍から数十倍の始動電流が流れ，発生トルクも過大なものとなる．この場合，巻線の絶縁物の焼損や機械部分の損傷などの危険性があり，電源にも悪影響を与える．

したがってふつうは始動電流を抑制する方法がとられ，その方法として**抵抗始動法**と**低減電圧始動法**がある．前者は，始動時に電動機の電機子回路の抵抗値を大きくして電流を抑制する方法で，電機子に可変抵抗形の**始動抵抗器**を接続する．後者は，始動時に電動機に加える端子電圧の値を小さくして電流を抑制する方法で，これには**直並列始動法**と**可変電圧電源による始動法**がある．これらの方法は電動機の速度制御も兼ねるので，5.7 節で説明する．

5.8.2 電動機の制動

電動機を運転中に急減速，急停止したり，昇降機のような機械を運転しているときの下降時の速度上昇を抑制したりする場合に用いる方法に制動がある．

制動には機械的制動と電気的制動があり，機械的制動は摩擦ブレーキを用いる方法で，電気的制動は発電制動，逆転制動（またはプラッギング），回生制動の 3 種類の方法がある．

発電制動は，電動機を電源から切り離し，電動機に抵抗器を接続し，発電機として作用させて制動する方法である．すなわち，電動機のもつ運動エネルギーを電気エネルギーに変え，それを抵抗中で熱エネルギーとして消費させて電動機の減速を図る．ただし，この制動法を直巻電動機や複巻電動機に適用する場合は，残留磁気の打ち消しによる発電消滅を防ぐために界磁巻線の接続を逆にしなければならない．なお，発電制動は，低速では制動力が減少するので機械的制動を併用する必要がある．

逆転制動は，電動機を電源に接続したまま電機子の接続を逆にし，回転方向と反対のトルクを発生させ，急速な停止や逆転を行う方法である．なお，この方法は接続の切り換え時に過大な電流が流れるので，電機子回路に大きな抵抗を挿入して電流を制限する必要がある．

回生制動は，負荷によって加速された電動機を発電機として動作させ，その発電電力を電源に返すことによって電動機の制動を行う経済的な方法である．すなわち，界磁電流を調整して電機子の逆起電力を電源電圧よりも高くすると，電動機は発電作用して運動エネルギーが電気エネルギーに変わり，それが電源に返還されることによって運動エネルギーが減少し，電動機は減速する．昇降機の降下時や電車が坂を下るときなどにはこの方法が応用される．

5.9 直流電動機の速度制御

製鉄用圧延機や電車など，直流電動機の負荷の多くは電動機の可変速運転を必要とする．

直流電動機の回転角速度は，式（5.24）および（5.25）から

$$\omega_m=\frac{V-RI_a}{K_a\Phi}=\frac{V}{K_a\Phi}-\frac{R}{(K_a\Phi)^2}T\ \text{[rad/s]} \tag{5.36}$$

で表される．ただし，R は電機子回路の全抵抗で $R=R_a+R_s$ または $R=R_a+R_{fs}+R_s$，R_s は電機子回路に挿入した直列抵抗である．

式 (5.36) から，直流電動機の**速度制御法**として，①端子電圧 V を変える**電圧制御法**，②界磁電流 I_f によってギャップ磁束 Φ を変える**界磁制御法**，③電機子回路の直列抵抗 R_s を変える**抵抗制御法**の 3 つの方法があり，用途に応じて使い分けられている．

5.9.1 他励電動機の速度制御

製鉄用圧延機などの直流他励電動機の速度制御には，図 5.31 に示すような 2 組のサイリスタ位相制御整流回路を逆並列接続した方式の，**静止レオナード**（**サイリスタレオナード**ともいう）装置が一般に用いられている．この装置は電動機の円滑な速度制御，正逆転，回生制動，始動電流の抑制を行うことができる．

図 5.32 は，静止レオナード装置による他励電動機の運転において，電圧制御と界磁制御を併用したときの速度に対するトルク特性と出力特性である．電動機

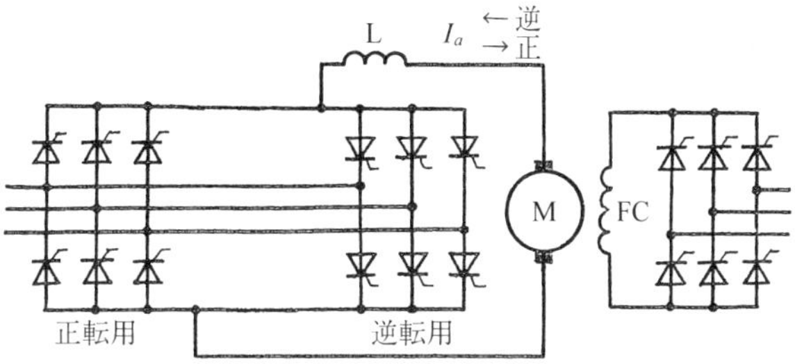

図 5.31 静止レオナードの主回路（逆並列接続方式）

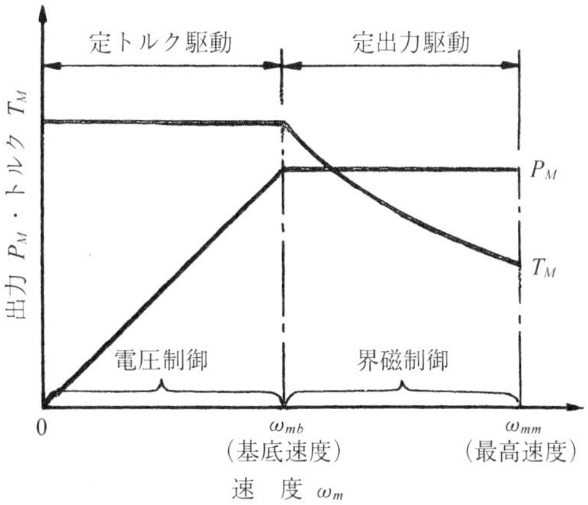

図 5.32 電圧制御と界磁制御を組み合わせた場合の出力とトルク

を定格電流で運転した場合，電圧制御では**定トルク運転**，界磁制御では**定出力運転**ができる．

5.9.2　直巻電動機の速度制御

交流電車（単相交流き電を意味）および直流電車の電動機は，その多くが直流直巻電動機である．

交流電車の直巻電動機の速度制御には，前述のサイリスタレオナードが応用されている．一方，直流電車の直巻電動機の速度制御は，従来は直列接続された抵抗器をスイッチで順次短絡する抵抗制御法と，偶数個の電動機の接続を直列と並列に切り換える直並列制御法（電圧制御法の一種）の組み合わせで行われていた．最近は図 5.33 のように，直巻電動機の速度制御は電機子に挿入した直流チョッパ回路による方法が主流となっている．この方法は制御装置の損失がほとんどないので，効率が非常によい．

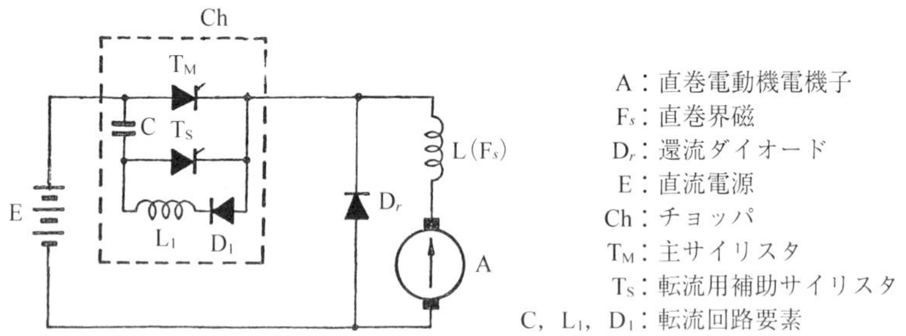

図 5.33　直流チョッパ回路

5.10　損 失 と 効 率

5.10.1　損　　　失

直流機の損失は機械損，鉄損，銅損（抵抗損ともいう），漂遊負荷損に大別され，各損失の内容は以下のとおりである．

a. 機械損　機械損は回転子軸と軸受の摩擦損，ブラシと整流子の摩擦損，回転部分と空気の摩擦にもとづく風損からなる．

b. 鉄　損　鉄損はヒステリシス損と渦電流損の和で，主に電機子鉄心および磁極片表面で生じ，周波数（回転速度）または磁束密度が高くなるほど大きくなる．

c. 銅　損　これは他励または分巻界磁巻線，直巻界磁巻線，電機子巻線，補極および補償巻線の各巻線に生ずる銅損と，ブラシの接触抵抗による電気損とからなる．

d. 漂遊負荷損　これは負荷時に生じる損失で，電機子導体中および整流子片中の表皮効果による渦電流損，電機子反作用による磁束密度のひずみに起因する鉄損の増加分などからなる．漂遊負荷損は，一般にほかの損失に比べて小さい．

5.10.2 効　　　　率

効率 η は，P_1 を入力，P_2 を出力，P_l を損失とすれば次式で表される．

$$\eta=\frac{P_2}{P_1}\times100=\frac{P_1-P_l}{P_1}\times100=\frac{P_2}{P_2+P_l}\times100\ [\%] \qquad (5.37)$$

実負荷試験によって入力と出力を測定し，式（5.37）より計算した効率を**実測効率**という．実測効率の算定は，実負荷試験が可能な小容量機に限られる．

一方，各種損失を規約にもとづいて測定または算定し，式（5.37）より計算した効率を**規約効率**といい，普通はこの効率を用いる．

最大効率は，**負荷損**が**無負荷損**と等しくなる負荷において得られる．ここで，無負荷損は機械損と鉄損と他励の界磁巻線または分巻界磁巻線の銅損の和であり，負荷損は他励の界磁巻線または分巻界磁巻線を除いたほかの巻線の銅損とブラシの電気損と漂遊負荷損の和である．

文　　献

1) 電気学会通信教育会“電気機械工学”，電気学会（1968）．
2) 野中“電気機器（Ｉ）”，森北出版（1973）．
3) 柴田，三澤“エネルギー変換工学”，森北出版（1990）．
4) 藤田“電気機器”，森北出版（1991）．
5) エレクトリックマシーン&パワーエレクトロニクス教科書編纂委員会“エレクトリックマシーン&パワーエレクトロニクス”，森北出版（2004）．

演　習　問　題

5.1　20 kW・200 V の直流分巻発電機がある．電機子抵抗 0.05 Ω，界磁抵抗 100 Ω である．この発電機が負荷に定格電流を供給するとき，その誘起起電力を求めよ．また，電機子銅損および界磁銅損を求めよ．

5.2　端子電圧 200 V の直流分巻電動機において，負荷時に 40 A の電流が供給されている．このときの出力および効率を求めよ．ただし，電機子抵抗 0.55 Ω，界磁抵抗 100 Ω，ブラシ電圧降下が片側 1 V である．

5.3　運転中の直流直巻電動機がある．端子電圧 200 V，電機子および界磁回路の全抵抗 1 Ω，電機子電流 15 A，回転速度 800 min^{-1} である．この電動機に直列に 5 Ω の抵抗を接続し，前と同じく 15 A の電流が流れる負荷をかけたときの回転速度を求めよ．

5.4　直流直巻電動機が電車用やクレーン用に適する理由を述べよ．

第6章　パワーエレクトロニクス

6.1　パワーエレクトロニクスとは

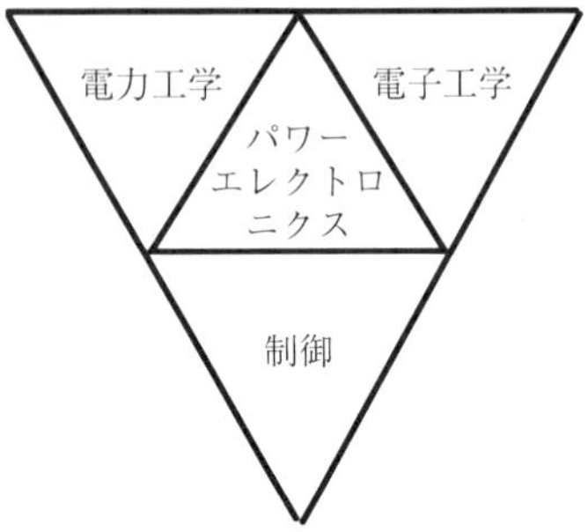

図 6.1　パワーエレクトロニクスの定義

パワーエレクトロニクスとは，初期には信号レベルなどの微小電力しか取り扱えなかったエレクトロニクス技術が，大電力を取り扱うことのできる半導体デバイスの開発により，電力（power）を取り扱う分野に拡大するとともに，さらに新しい技術を確立した分野である．1973年にWestinghouse社のW. E. Newellが図6.1を用いてパワーエレクトロニクスをひとつの学際領域として定義した．すなわちパワーエレクトロニクスとは，「電力の開閉，変換などを行う電力工学の分野，情報の処理，伝送，検出などを行う電子工学の分野，電気工学のもうひとつの柱である制御の分野が，半導体技術の進歩発展により，境界を接して重なりあった総合的な技術分野」であると定義された．

今日ではパワーエレクトロニクスがわれわれの身のまわりの多くの電気製品に使用されているが，パワーエレクトロニクスの技術が萌芽するまでの関連技術の歴史的な背景を簡単にまとめると，以下のとおりである．

- 1904年　真空管の発明：
  真空チューブの中で電子の流れを制御する技術
- 1930～1940年　電子パワーコンバータ（水銀整流器）による電力制御
- 1948年　トランジスタの発明：
  半導体デバイスによる電子の流れを制御する技術
- 1957年　最初の電力用半導体デバイスであるサイリスタの発明：
  半導体デバイスにより電力を制御

これ以降，種々の電力用半導体デバイスが開発されており，これを用いた多くのパワーエレクトロニクスの回路，製品が開発されている．

今日では，パワーエレクトロニクス技術が使われている分野は次のように多岐にわたっている．

6.1.1 家庭におけるパワーエレクトロニクス

直流を任意の周波数，電圧，電流の交流に変換するインバータを用いて，エアコンのコンプレッサの回転数を変化させることで，きめ細かい温度制御を行っている．蛍光ランプを用いた照明器具では，従来の銅と鉄よりできた安定器にかわり高周波インバータを用いた小型で軽量な電子安定器が使用され，安定した点灯と省エネルギーを達成している．調理器具への応用としては，高周波インバータを用いた誘導加熱（induction heating：IH）を利用した電磁調理器や炊飯器がある．パソコン，テレビなどの電子機器には集積回路（IC）が用いられており，直流電圧で動作する．これらの機器では，交流の商用電源からこの直流電圧を得るために整流回路が利用されている．

6.1.2 産業分野におけるパワーエレクトロニクス

工場の製造ラインでは，多くの電動機が使用されている．これら電動機の速度制御，トルク制御にインバータが利用され，精密な制御と省エネルギーが達成されている．鉄などの材料を加工するために大容量のインバータを用いた誘導加熱が利用され，製品への成形が行われている．また，省力化などで多くの製造ラインに用いられている産業用ロボットに使用される電動機の制御も，インバータを主とするパワーエレクトロニクス技術が用いられている．

6.1.3 交通分野におけるパワーエレクトロニクス

公共交通手段である新幹線をはじめとする電車では，直流電動機や交流電動機が用いられており，これらの速度制御には直流チョッパ，インバータが利用されている．自動車においても，電気自動車，ハイブリッドカーの利用が拡大しているが，これらにはバッテリーと電動機/発電機との間の電気エネルギー変換，電動機の速度制御にインバータをはじめとするパワーエレクトロニクス技術が利用されている．

6.1.4 電力システムにおけるパワーエレクトロニクス

日本の商用周波数は，東日本の地域で 50 Hz，西日本の地域で 60 Hz となっている．この周波数の異なった電力系統は連系されて電力を融通しあっており，50 Hz 系と 60 Hz 系の間で周波数を変換する周波数変換装置が設置されている．この周波数変換装置は整流回路とインバータにより構成される交直変換器が用いられている．本州と北海道，本州と四国の間では海峡を越えた電力の融通を行っており，これには直流送電が採用されている．この直流送電にも交直変換器が利用されている．

最近では再生利用可能なエネルギーとして，太陽光発電が国の施策とともに拡大している．太陽電池で発電される電気は直流であり，これを家庭内で使用したり，電力系統へ逆潮流させるために系統連系用のインバータが用いられている．

6.2 半導体の原理

6.2.1 電 気 伝 導

物質を電気的性質から，電気を通す物質（導体）と電気を通さない物質（絶縁体），さらに導体と絶縁体の中間に位置する物質（半導体）に分けることができる．導体，半導体，絶縁体を抵抗率の大きさで分けると次のようになる．

a. 導 体

抵抗率の小さいもの（$\sim 10^{-3}\ \Omega\ \mathrm{cm}$）

銀，銅，炭素

b. 半導体

導体と絶縁体の中間の抵抗率の値をもつもの（$10^{-3} \sim 10^{3}\ \Omega\ \mathrm{cm}$）

シリコン，ゲルマニウム

c. 絶縁体

抵抗率の大きなもの（$10^{3}\Omega\ \mathrm{cm}\sim$）

ゴム，石英ガラス，塩化ビニール

6.2.2 真 性 半 導 体

半導体のシリコン（Si）は，図6.2に示すように正の電気量をもつ原子核とそのまわりの負の電気量をもつ14個の電子からなり，電気的に中性である．最も外側の軌道にある電子を価電子とよび，シリコンでは価電子が4個ある．これよりシリコンの原子価は4である．

シリコンの結晶構造は，図6.3のように隣りあう4個の原子が互いに価電子を1個出し合い，価電子を共有する共有結合で結びついている．この価電子は原子核との結びつきが弱く，熱を与えたり光を当てたりすることによって結合を離れ，結晶中を自由に移動し，電気伝導が生じる．

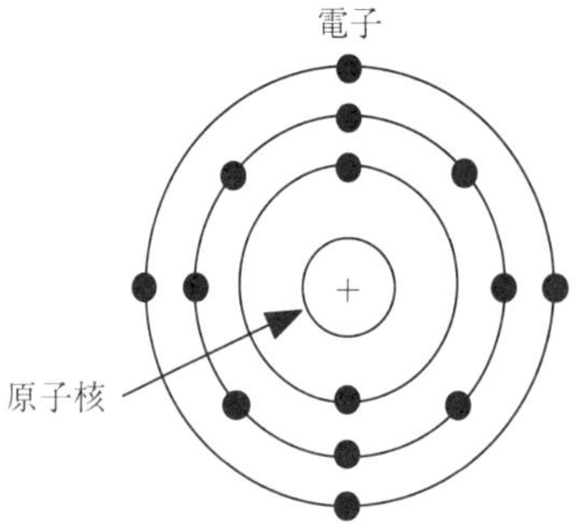

図 6.2 シリコン

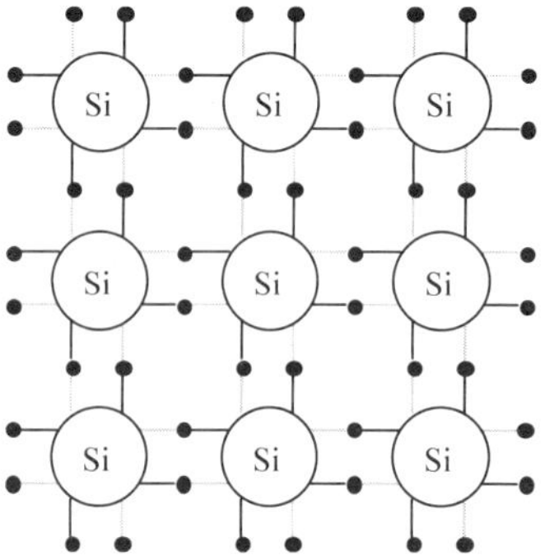

図 6.3 シリコン原子の共有結合

6.2.3 不純物半導体

a. n形半導体 真性半導体にリン（P），アンチモン（Sb），ヒ素（As）などの5価の原子を不純物として極少量加えると，図6.4に示すように共有結合から1個電子が余る．この電子は，原子核との電気的結合は小さく，外部から電界が与えられると結晶内を電界の方向と反対方向に自由に動く自由電子となり，電気伝導に寄与する．

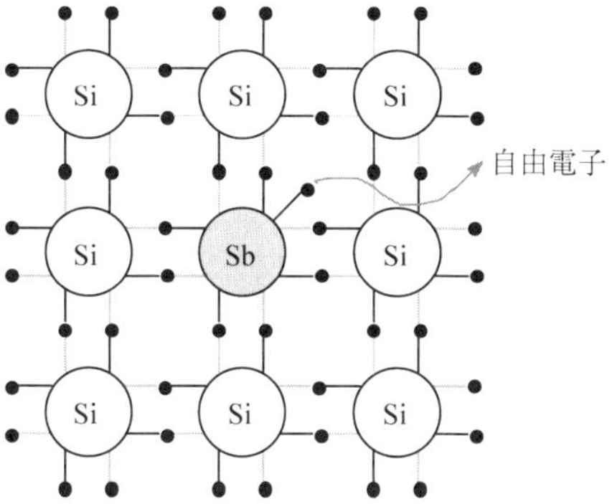

図 6.4　n形半導体

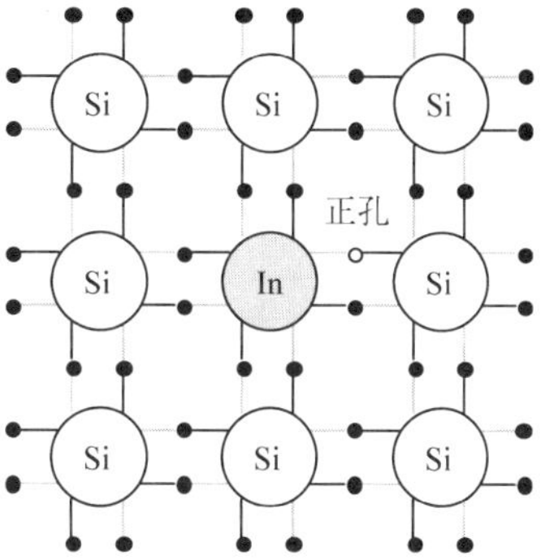

図 6.5　p形半導体

b. p形半導体　真性半導体にボロン（B），ガリウム（Ga），アルミニウム（Al），インジウム（In）などの3価の原子を不純物として極少量加えると，図6.5に示すように共有結合している価電子が1個不足した穴ができる．この穴を正孔とよび，これは正の電荷をもつ．外部から電界が加えられると隣の電子が正孔に入り，電子が抜けたところに正孔ができ，正孔は電界と同じ方向に移動し，電気伝導が生じる．

6.3　電力用半導体デバイス

6.3.1　ダイオード

不純物半導体として，n形半導体とp形半導体について6.2.3項で説明した．この2つの半導体を接合したpn接合をもつ，図6.6の構造をもつ素子がダイオード（diode）である．pn接合面において，n層の過剰電子がp層に拡散して正孔と結合し，p層の正孔がn層に拡散して電子と結合する．したがって接合面近傍では，過剰電子や正孔をもたない層（空乏層）が生じる．電子と正孔が結合した結果，この空乏層のp形領域では正孔が失われたため負に帯電し，n形領

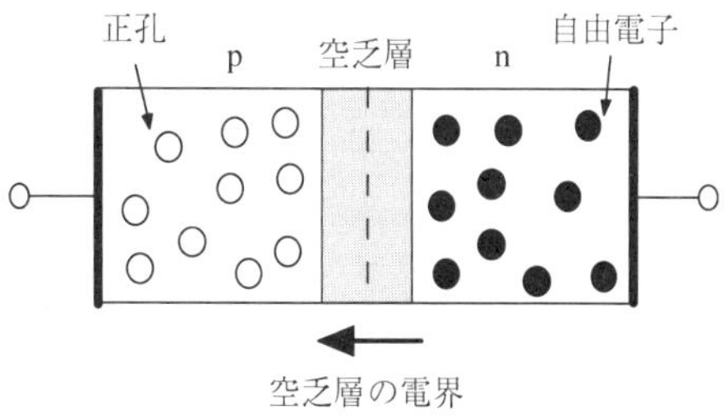

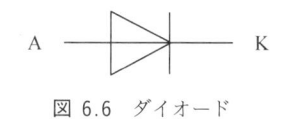

図 6.6　ダイオード

域では電子が失われたため正に帯電し図の方向に電界を生じる．

図6.7のようにダイオードのp形半導体側の電極A（アノード）に正，n形半導体側の電極K（カソード）に負の電圧（順方向電圧）を印加した場合について考える．アノードに正の電圧が印加されるため，p形半導体の正孔は空乏層を通り抜け，n形半導体へ移動する．一方，カソードに負の電圧が印加されるため，n形半導体の自由電子は空乏層を通り抜けてp形半導体へ移動する．これにより，ダイオードに順方向電圧を印加した場合は電流が流れる．

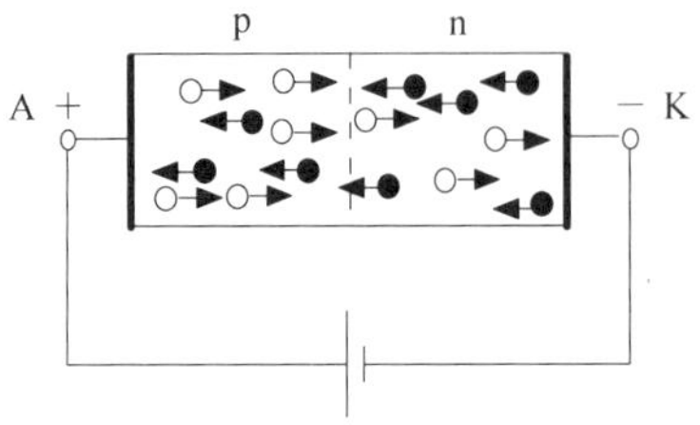

図 6.7　順方向電圧

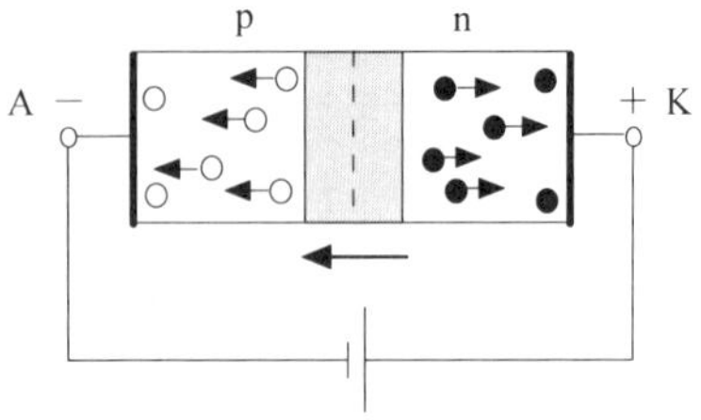

図 6.8　逆方向電圧

次に，図6.8のように図6.7と逆方向に電圧をダイオードに印加すると，p形半導体では正孔がアノードの方へ，n形半導体では自由電子がカソードの方へ移動し，空乏層が拡大する．したがって，ダイオードに逆方向電圧が印加された場合には電流は流れない．

6.3.2　トランジスタ

n形半導体とp形半導体をサンドイッチ構造にしたものがトランジスタ（transistor）であり，サンドイッチ構造にはnpn形とpnp形がある．図6.9に示すnpn形トランジスタを用いて，トランジスタの動作を学ぶ．三層構造のトランジスタのn形およびp形半導体それぞれに電極が接続され，中間のp形半導体に設けられた電極をベース（B：base），ベースをはさむ2つのn形半導体に設けられた電極の一方をエミッタ（E：emitter），他方をコレクタ（C：collector）とよぶ．

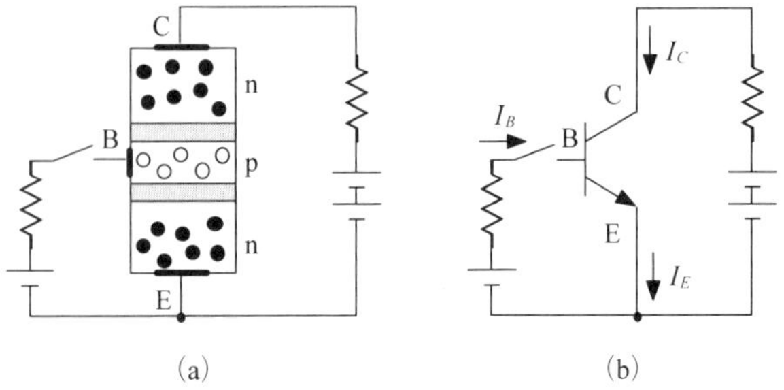

図 6.9　トランジスタ

トランジスタに図6.9のように直流電源が接続され，ベースのスイッチが開いているときは，pn接合部の空乏層の電界によりトランジスタには電流は流れない．ベースのスイッチが閉じた場合，ベース・エミッタ間のpn接合に順方向電圧を印加した状態となり，ベースからエミッタへ電流が流れる．このときエミッタのn形半導体では，自由電子がn層からp層に向かって移動する．ベースのp層は非常に薄いため，この自由電子のほとんどがp層を通過してコレクタのn層に到達する．これにより電流がトランジスタ内をコレクタからエミッタに流れ，トランジスタが導通する．それぞれの電極を流れる電流の関係は次式となる．

$$I_E = I_C + I_B \tag{6.1}$$

ここで，I_C：コレクタ電流，I_B：ベース電流，I_E：エミッタ電流．
そして，ベース電流に対するコレクタ電流の比は直流電流増幅率 h_{FE} とよばれ，次式で定義される．

$$h_{FE} = \frac{I_C}{I_B} \tag{6.2}$$

パワーエレクトロニクスでは，トランジスタの遮断領域（高抵抗状態）と飽和領域（低抵抗状態）を切り替えて，トランジスタをスイッチとして使用する．

6.3.3 サイリスタ

図6.10(a) に示すp形半導体とn形半導体をpnpnの4層構造にしたものがサイリスタ（thyristor）であり，アノード（A），カソード（K），ゲート（G）の3つの端子をもっている．サイリスタに順方向電圧（アノード：正，カソード：負）が印加されてもサイリスタは不導通であるが，このときゲートに数百mA以上の電流を流すとサイリスタは導通する．サイリスタはいったん導通するとゲート電流が取り除かれても，ある一定以上の順電流（保持電流）が流れているかぎり導通しつづける特徴をもつ．また，逆方向電圧が印加された場合は，ゲート電流にかかわらずダイオードと同じく不導通の状態となる．

サイリスタの動作を図6.10(b) により説明する．サイリスタのpnpn構造は，

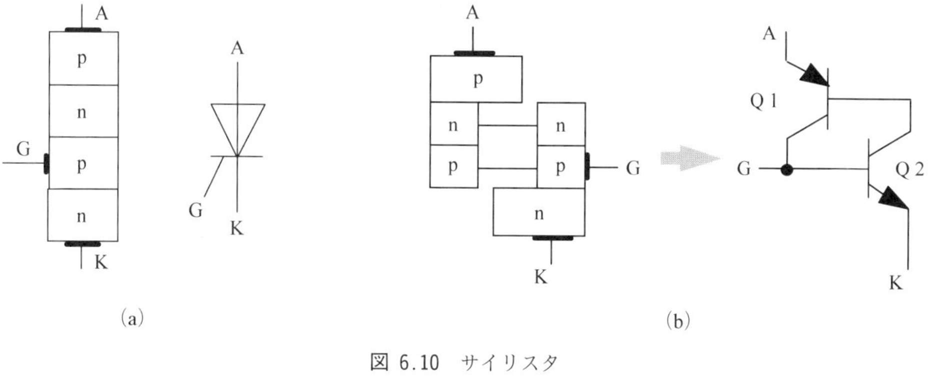

図 6.10 サイリスタ

図（b）に示すようにpnp形のトランジスタとnpn形のトランジスタを組み合わせた構造と等価と考えることができる．いまゲートに電流が流れると，これはトランジスタQ2のベース電流であるためトランジスタQ2が導通し，トランジスタQ2のコレクタ電流が流れる．トランジスタQ2のコレクタ電流はトランジスタQ1のベース電流であるため，これによってトランジスタQ1が導通する．トランジスタQ1が導通すると，アノードを通ってトランジスタQ1のコレクタ電流が流れる．この電流はトランジスタQ2のベース電流となる．したがって，いったんサイリスタが導通すると，トランジスタQ1とQ2のベース電流はアノードより供給され，ゲート電流を取り去ってもサイリスタの導通状態は維持される．

導通状態となったサイリスタをオン状態からオフ状態にする（ターンオフ）には，サイリスタを逆バイアスするか転流回路を用いてサイリスタを流れている電流を零にし，逆電圧をある時間印加することによって行う．

6.3.4　MOSFET

MOSFET（metal oxide semiconductor field effect transistor）は，6.3.2項で説明したトランジスタ（バイポーラトランジスタ）と異なり，電子または正孔のどちらか一方で動作する（ユニポーラ形デバイス）．そのためバイポーラトランジスタに比較して，スイッチング速度が速く，電圧駆動であるため駆動回路に必要な電力は小さい，などの特長をもつ．しかし，MOSFET導通時の抵抗（オン抵抗）が大きいという欠点をもっている．

図6.11に代表的なMOSFETの構造と記号を示す．ソース（S）に対してゲート（G）に正の電圧を印加すると，ゲート面に接した半導体表面に負の電荷（電子）が現れ，その部分がp形からn形に反転する．この反転した部分（チャンネル）が電子の流れる通路となる．ドレイン（D）とソース（S）間に電圧が印加されていれば，電子がソースからドレインに移動し，電流が流れる．

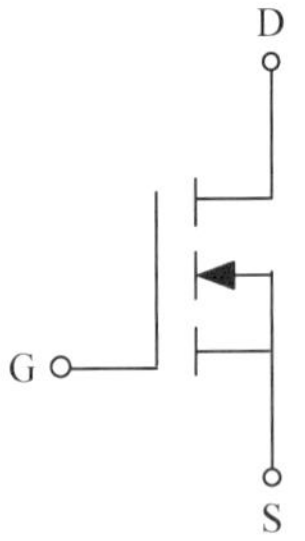

(a)

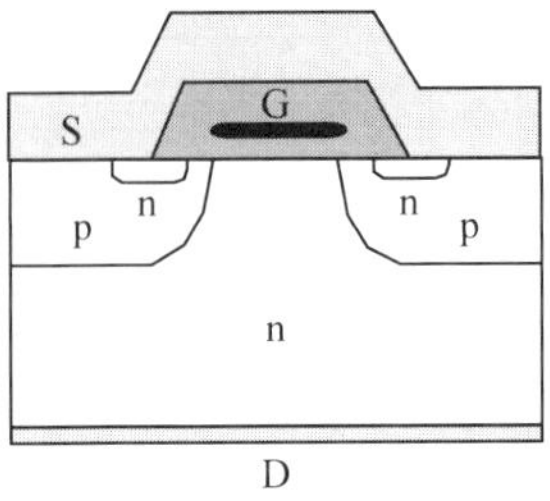

(b)

図 6.11　MOSFET

6.3.5　IGBT

IGBT（insulated gate bipolar transistor）は，バイポーラトランジスタのゲ

ートに MOSFET を組みこんだ複合デバイスである．それによりバイポーラトランジスタと MOSFET の長所をあわせもつ．図 6.12 に IGBT の記号と等価回路を示す．ゲート部分は MOSFET からなり，コレクタ電流はバイポーラトランジスタを流れるため，IGBT は電圧駆動で動作し，駆動回路の電力は小さく，動作速度は速い．また，オン電圧も MOSFET に比較して小さくなる．これらの特長のため，現在ではインバータをはじめとする多くのパワーエレクトロニクス回路のスイッチングデバイスとして使用されている．

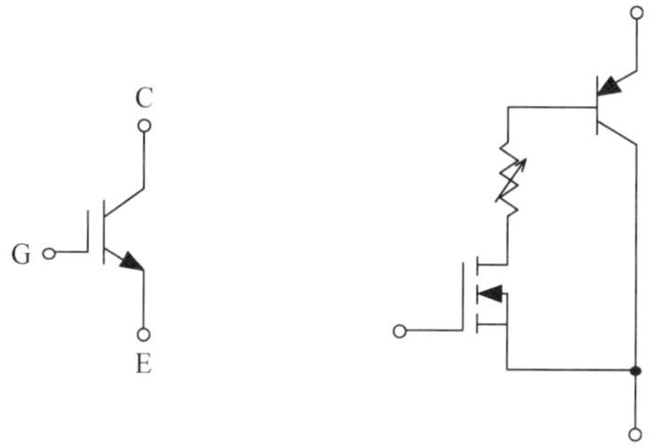

(a)　(b)

図 6.12　IGBT

6.4　電力変換回路の基礎

6.4.1　電力変換回路の分類

パワーエレクトロニクスは，6.3 節で説明した電力用半導体デバイスを用いて電源を入力とし，負荷へ供給する電圧，電流，電力（出力）の形態を変えることを行っている．言い換えれば，パワーエレクトロニクスは，電気エネルギーのもつ情報（周波数，電圧・電流の大きさなど）を実質的に電力損失なしに変える技術である．

この電気エネルギーのもつ情報のうち周波数に着目し，交流と直流間での電力変換方式の分類を行うと表 6.1 となる．

表 6.1　電力変換方式

入力＼出力	直流	交流
直流	直流変換	逆変換
交流	順変換	交流変換

a. 直流変換　入出力ともに直流であり，直流の電圧，電流を入力として大きさの異なる直流の電圧，電流に変換する．これの代表的なパワーエレクトロニクス回路は，直流チョッパ（DC chopper）である．

b. 順変換　交流の電圧，電流を入力とし，これを直流の電圧，電流に変換する．これを順変換とよび，これのパワーエレクトロニクス回路は整流回路（rectifier）である．

c. 逆変換　直流の電圧，電流を入力とし，これを交流の電圧，電流に変換する．これを逆変換とよび，これのパワーエレクトロニクス回路はインバータ（inverter）である．

d. 交流変換　入出力とも交流であり，交流の電圧，電流をそれがもつ情報（周波数，電圧や電流の大きさ，位相，相数など）の変換をともなってほかの交流の電圧，電流に変換する．これを行うパワーエレクトロニクス回路には，交流電力調整回路やサイクロコンバータ（cycloconverter）がある．

これら電力変換では，交流と直流の変換だけでなく，それらがもつ情報量の制御を行っている．すなわち，直流チョッパでは電圧および電流の制御，インバータでは周波数の制御，交流電力調整回路では電力の制御を行っている．

6.4.2　電力用半導体デバイスのスイッチング

「パワーエレクトロニクスは，電気エネルギーのもつ情報（周波数，電圧・電流の大きさなど）を実質的に電力損失なしに変える技術である」と定義されたが，実際にはパワーエレクトロニクス回路で用いられている電力用半導体デバイスには，その動作時に電力損失が生じる．この電力損失は，電力用半導体デバイスがオフ時の漏れ電流，オン時のオン電圧，オンからオフ，オフからオンのスイッチングに起因する．

図6.13にトランジスタにおけるスイッチングと電力損失を示す．1回のスイッチングにおける電力損失を，スイッチのターンオン時（オフからオン），オン時，ターンオフ時（オンからオフ），オフ時に分けて考える．

a. ターンオン時　ベース電流とともにオフしていたトランジスタを流れるコレクタ電流は，オフ時の漏れ電流 I_{off} より電源電圧 E と負荷の抵抗 R で決まる電流（I_{on}）まで直線的に増加する．また，そのときトランジスタのコレクタ・エミッタ間電圧（v_{CE}）は，E からオン電圧 V_{on} まで直線的に減少する．そして，このトランジスタのターンオンにかかるスイッチング時間を t_{on} とすると，このときの電力損失 w_1 [J] は次式となる．

$$w_1=\frac{EI_{\mathrm{on}}}{6}\times t_{\mathrm{on}} \qquad (6.3)$$

b. オン時　トランジスタのオン時，トランジスタを電流 I_{on} が流れ，v_{CE} は V_{on} となる．このオン時の時間を T_{on} とすると，このときの損失 w_2 [J] は次式で表される．

$$w_2=V_{\mathrm{on}}I_{\mathrm{on}}\times T_{\mathrm{on}} \qquad (6.4)$$

c. ターンオフ時　ベース電流が零になると，トランジスタを流れていた電

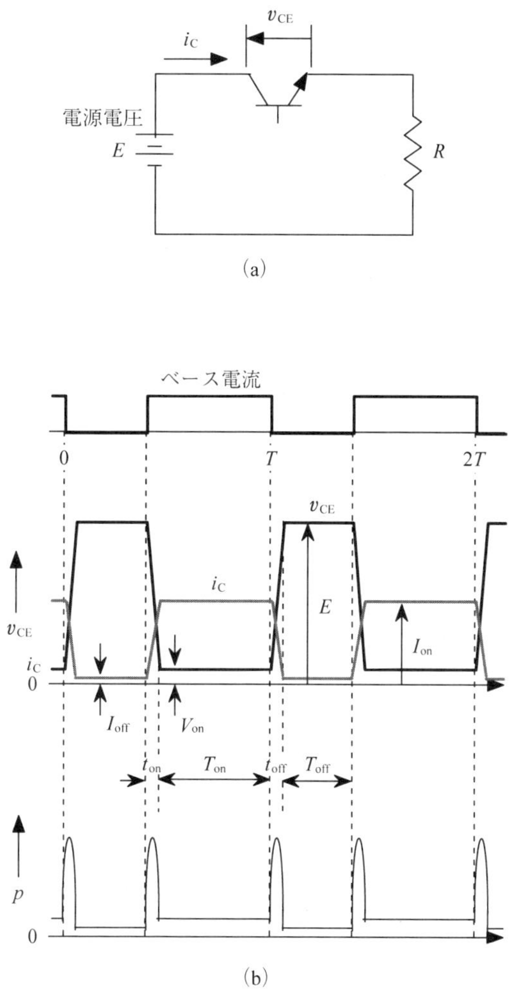

図 6.13　電力用半導体デバイスのスイッチング損失

流はトランジスタの漏れ電流まで直線的に減少し，同時に v_{CE} は V_{on} から E に直線的に増加する．このターンオフ時間を t_{off} とすると，このときの損失 w_3 [J] は次式となる．

$$w_3 = \frac{EI_{on}}{6} \times t_{off} \tag{6.5}$$

d. オフ時　トランジスタオフ時には，トランジスタに E が印加され，漏れ電流 I_{off} が流れている．オフ時間を T_{off} とすると，このときの損失 w_4 [J] は次式で表される．

$$w_4 = EI_{off} \times T_{off} \tag{6.6}$$

したがって，トランジスタの 1 回のスイッチングにおける損失 w [J] は，

$$w=\frac{EI_{\mathrm{on}}}{6}\times t_{\mathrm{on}}+V_{\mathrm{on}}I_{\mathrm{on}}\times T_{\mathrm{on}}+\frac{EI_{\mathrm{on}}}{6}\times t_{\mathrm{off}}+EI_{\mathrm{off}}\times T_{\mathrm{off}} \tag{6.7}$$

となる．ターンオン時およびターンオフ時の損失はオン時やオフ時の損失に比較して大きく，特にスイッチング周波数が高い場合にはトランジスタの損失はほとんどターンオン時およびターンオフ時の損失になり，これを低減することが必要となる．

図6.13のスイッチングはハードスイッチング（hard switching）とよばれるものである．スイッチング損失を低減する方法にソフトスイッチング（soft switching）がある．これは，L，C，補助スイッチから構成される補助回路の共振現象を利用して，ターンオン時やターンオフ時に電力用半導体デバイスにかかる電圧を理想的に零にする零電圧スイッチング（ZVS）と流れる電流を零にする零電流スイッチング（ZCS）がある．ソフトスイッチングは，スイッチング時の電圧または電流のどちらかを，零または非常に小さい値にして，スイッチング時の損失を低減する技術である．

6.4.3　電力変換回路が発生するひずみ波形

パワーエレクトロニクス回路は電力用半導体デバイスを用い，そのオン・オフにより電圧，電流を制御する技術である．したがって，パワーエレクトロニクス回路はひずみ波形の電圧，電流を発生する．そこでひずみ波形について考える．

図6.14のひずみ波形について考えよう．この波形の周期は T［s］であり，周波数 f［Hz］は，

$$f=\frac{1}{T} \tag{6.8}$$

と表される．したがって，角周波数 ω［rad/s］は，

$$\omega=2\pi f \tag{6.9}$$

となる．

この波形の平均値 V_{ave}［V］は1周期（T）を平均して求める．

$$V_{\mathrm{ave}}=\frac{1}{T}\int_0^T v(t)\,dt=\frac{T_1}{T}V \tag{6.10}$$

また，実効値 V_{eff}［V］は次式により計算できる．

$$V_{\mathrm{eff}}=\sqrt{\frac{1}{T}\int_0^T v(t)^2dt}=V\sqrt{\frac{T_1}{T}} \tag{6.11}$$

ひずみ波形には多くの高調波が含まれている．ひずみ波形に含まれる高調波

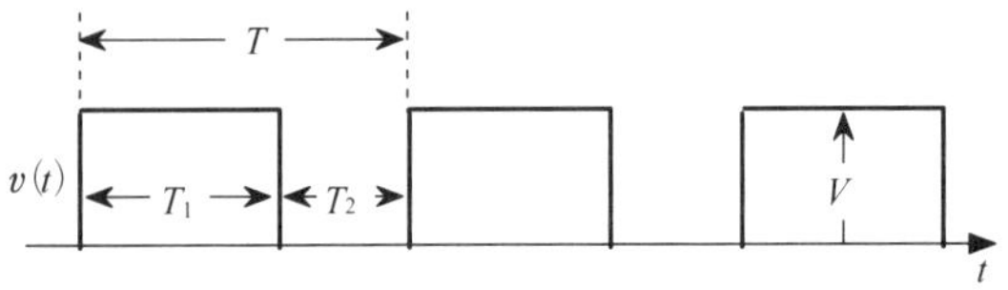

図 6.14　ひずみ波形

は，フーリエ級数展開することにより求めることができる．ひずみ波形のフーリエ級数は次式で表現される．

$$
\begin{aligned}
v(t) &= a_0 + \sum_{n=1}^{\infty} (a_n \cos n\omega t + b_n \sin n\omega t) \\
&= a_0 + \sum_{n=1}^{\infty} \sqrt{a_n{}^2 + b_n{}^2} \sin (n\omega t + \varphi_n)
\end{aligned}
\tag{6.12}
$$

a_0 は直流成分であり，$\sqrt{a_n{}^2 + b_n{}^2}$ は第 n 次高調波成分である．a_0，a_n，b_n，φ_n は，次式で計算できる．

$$
\begin{aligned}
a_0 &= \frac{1}{T}\int_0^T v(t)\,dt \\
a_n &= \frac{2}{T}\int_0^T v(t) \cos n\omega t dt \\
b_n &= \frac{2}{T}\int_0^T v(t) \sin n\omega t dt \\
\varphi_n &= \tan^{-1}\frac{a_n}{b_n}
\end{aligned}
\tag{6.13}
$$

ここで，$n=1$ の場合が基本波，$n \geqq 2$ の場合が高調波である．図 6.14 の波形をフーリエ級数展開すると，

$$
\begin{aligned}
a_0 &= \frac{1}{T}\int_0^T v(t)\,dt = \frac{1}{T}\int_0^{T_1} V dt = \frac{T_1}{T} V \\
a_n &= \frac{2}{T}\int_0^T v(t) \cos n\omega t dt = \frac{2}{T}\int_0^{T_1} V \cos n\omega t dt \\
&= \frac{V}{n\pi} \sin 2\pi n \frac{T_1}{T} \\
b_n &= \frac{2}{T}\int_0^T v(t) \sin n\omega t dt = \frac{2}{T}\int_0^{T_1} V \sin n\omega t dt \\
&= \frac{V}{n\pi}\left(1 - \cos 2\pi n \frac{T_1}{T}\right)
\end{aligned}
\tag{6.14}
$$

となる．

電圧波形，電流波形がひずみ波の場合，電圧，電流はそれぞれ次式によって表される．

$$
v(t) = V_0 + \sum_{n=1}^{\infty} \sqrt{2}\, V_n \sin (n\omega t + \varphi_n) \tag{6.15}
$$

$$
i(t) = I_0 + \sum_{n=1}^{\infty} \sqrt{2}\, I_n \cos (n\omega t + \varphi_n - \theta_n) \tag{6.16}
$$

ここで，V_0，I_0 は直流成分，V_n，I_n は第 n 次成分の実効値，θ_n は位相差である．そして，ひずみ波の電力は，電圧と電流の積の平均値であり，

$$
P = \frac{1}{T}\int_0^T v(t) \cdot i(t)\,dt = V_0 I_0 + \sum_{n=1}^{\infty} V_n I_n \cos \theta_n \tag{6.17}
$$

と表される．

ひずみ波の総合力率 pf（power factor）は有効電力と皮相電力の比として表され，電圧が基本波成分のみをもち，電流が高調波成分をもつ場合，

$$pf=\frac{P}{VI}=\frac{V_1I_1\cos\theta_1}{V_1I}=\frac{I_1}{I}\cos\theta_1 \tag{6.18}$$

である．ここで，V，I は実効値である．また，$\cos\theta_1$ を基本波力率（displacement power factor）とよぶ．ひずみ波のひずみを表す指標としてひずみ率 THD（total harmonic distortion）が用いられる．ひずみ波形の THD は次式で定義される．

$$THD=\frac{I_h}{I_1}=\frac{\sqrt{\sum_{n=2}^{\infty}{I_n}^2}}{I_1} \tag{6.19}$$

これより，総合力率，基本波力率，ひずみ率の関係は，

$$pf=\frac{1}{\sqrt{1+THD^2}}\cos\theta_1 \tag{6.20}$$

となる．

6.5　交流-直流変換回路

交流-直流変換（順変換）回路として広く使用されている，ダイオード整流回路とサイリスタ整流回路について学ぶ．

6.5.1　単相ダイオード全波整流回路

図6.15に抵抗負荷をもつ単相ダイオード全波整流回路と動作波形を示す．ダイオードは順方向に電圧が印加されるとオンする．したがって，交流の電源電圧の正の半サイクルではダイオード D_1 と D_2' がオンし，負の半サイクルでは D_2 と D_1' がオンする．その結果，整流回路の出力電圧波形は，負の半サイクルでは図で示すように v_S を正に折り返した波形となり，出力電圧は直流電圧となる．交流の電源電圧 v_S を

$$v_S=\sqrt{2}\,V_S\sin\theta \tag{6.21}$$

とすると，図6.15の整流回路の出力電圧 e_d の平均値は，

$$E_{d0}=\frac{1}{2\pi}\int_0^{2\pi}e_d d\theta=\frac{1}{\pi}\int_0^{\pi}\sqrt{2}\,V_S\sin\theta d\theta=\frac{2\sqrt{2}}{\pi}V_S$$
$$=0.90\ V_S\ [\mathrm{V}] \tag{6.22}$$

となる．ここで，V_S は電源電圧の実効値である．負荷の抵抗を流れる電流 i_d は，

$$i_d=\frac{e_d}{R} \tag{6.23}$$

で表され，図に示すようにダイオードブリッジの出力電圧を抵抗で割った大きさで e_d と同じ形の波形となる．

誘導性負荷をもつ単相ダイオード全波整流回路を図6.16に示す．ダイオード

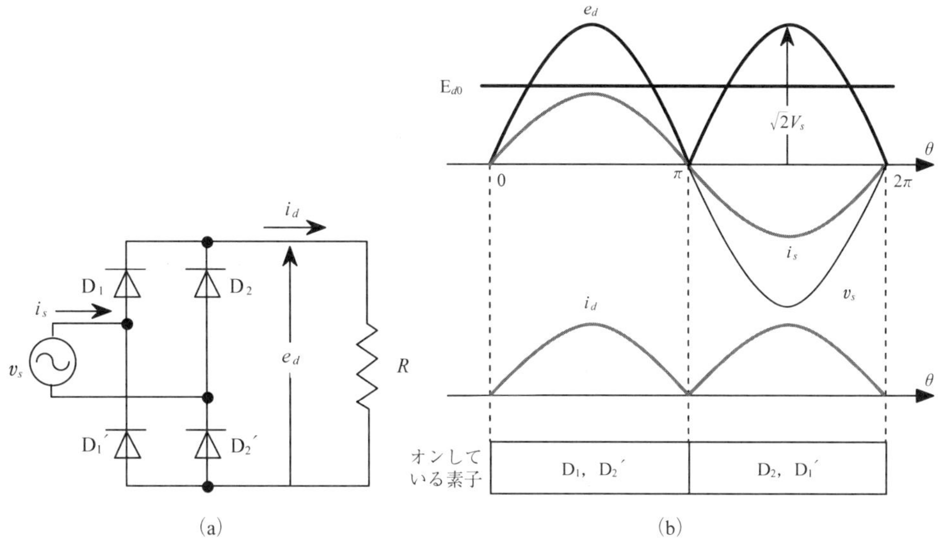

図 6.15　単相ダイオード全波整流回路（抵抗負荷）

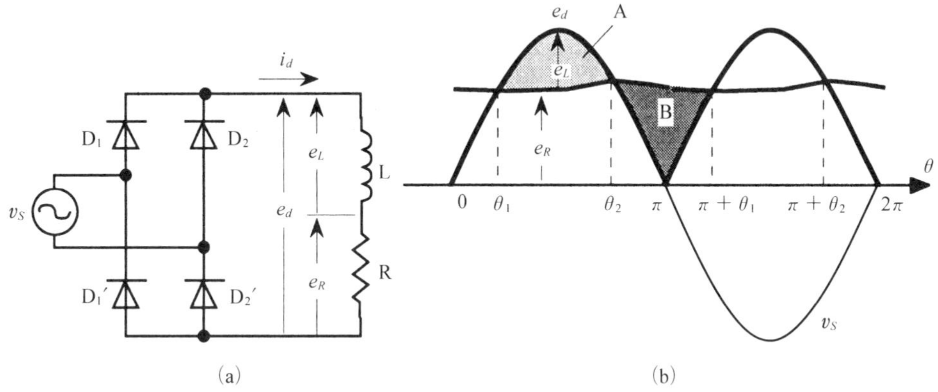

図 6.16　単相ダイオード全波整流回路（誘導性負荷）

は抵抗負荷の場合と同様に，電源電圧の正の半サイクルではダイオード D_1 と D_2' がオンし，負の半サイクルでは D_2 と D_1' がオンする．しかし，リアクトルのため直流電流 i_d は連続となり，抵抗両端の電圧 e_R は図 6.16(b) の波形となる．$e_d=e_L+e_R$ より e_R の平均値 E_R は，

$$E_R=\frac{1}{2\pi}\int_0^{2\pi}e_R d\theta=\frac{1}{\pi}\int_{\theta_1}^{\pi+\theta_1}e_R d\theta=\frac{1}{\pi}\left\{\int_{\theta_1}^{\pi+\theta_1}e_d d\theta-\int_{\theta_1}^{\pi+\theta_1}e_L d\theta\right\} \quad (6.24)$$

図中で θ_1，θ_2，$\pi+\theta_1$，$\pi+\theta_2$ は e_d と e_R の交点である．θ_1，θ_2，$\pi+\theta_1$，$\pi+\theta_2$ で e_L の値は零であり，θ_1～θ_2 で e_L の値は正，θ_2～$\pi+\theta_1$ で e_L の値は負である．すなわち，e_L の1周期の平均値は零であり，図中の面積 A と B は等しい．

$$\frac{1}{\pi}\int_{\theta_1}^{\theta_2} e_L d\theta + \frac{1}{\pi}\int_{\theta_2}^{\pi+\theta_1} e_L d\theta = 0 \tag{6.25}$$

したがって，e_R の平均値 E_R は e_d の平均値 E_d と等しい．

6.5.2　単相サイリスタ全波整流回路

図 6.17 の単相サイリスタ全波整流回路について考える．負荷の L は十分大きく，直流電流は一定であるとする．サイリスタは，T_1 と T_2' が位相 $\theta=\alpha$ で，T_2 と T_1' が $\theta=\pi+\alpha$ で点弧されているとする．これより図に示されるように，T_1 と T_2' が $\alpha\sim\pi+\alpha$ の期間導通し，T_2 と T_1' が $0\sim\alpha$ と $\pi+\alpha\sim2\pi$ の期間導通する．したがって，直流電圧 e_d の波形は図 6.17(b) のようになる．また，電源電流 i_S は方形波であり，位相が α だけ遅れた波形となる．このときの直流電圧 e_d の平均値 $E_{d\alpha}$ は，

$$\begin{aligned}E_{d\alpha} &= \frac{1}{2\pi}\int_0^{2\pi} e_d d\theta \\ &= \frac{1}{2\pi}\left\{\int_0^{\alpha}(-v_S)\,d\theta + \int_{\alpha}^{\pi+\alpha} v_S d\theta + \int_{\pi+\alpha}^{2\pi}(-v_S)\,d\theta\right\} \\ &= \frac{\sqrt{2}}{2\pi}V_S\left\{-\int_0^{\alpha}\sin\theta d\theta + \int_{\alpha}^{\pi+\alpha}\sin\theta d\theta - \int_{\pi+\alpha}^{2\pi}\sin\theta d\theta\right\} \\ &= \frac{2\sqrt{2}}{\pi}V_S\cos\alpha\end{aligned} \tag{6.26}$$

である．式 (6.22) の単相ダイオード全波整流回路の直流電圧の平均値を用いると次式の関係が得られる．

$$E_{d\alpha} = E_{d0}\cos\alpha \tag{6.27}$$

すなわち，図 6.17 の単相サイリスタ全波整流回路の直流電圧の平均値は，単相

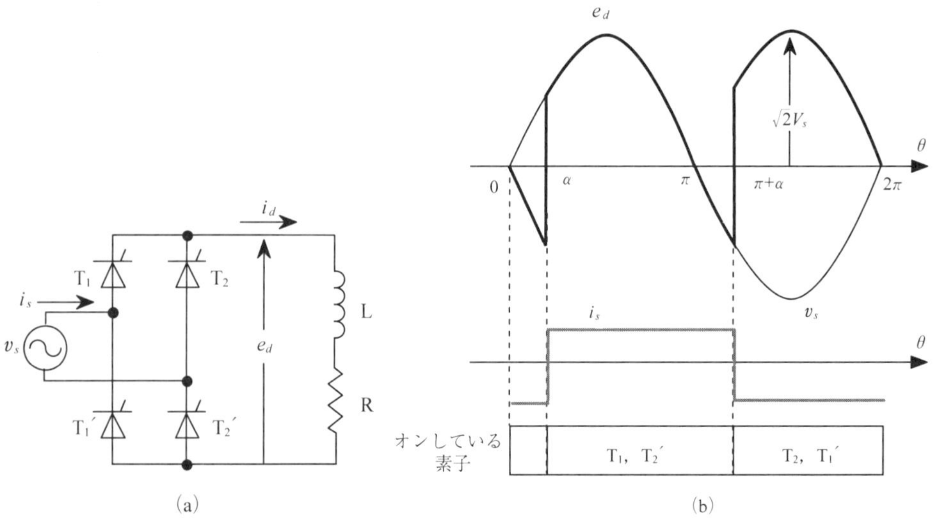

図 6.17　単相サイリスタ全波整流回路

ダイオード全波整流回路の直流電圧平均値に cos α をかけたものとなる．

6.6　直流-直流変換回路

直流-直流変換（直流変換）回路である直流チョッパ（DC chopper）について考える．直流チョッパとして降圧チョッパ（step-down, buck shopper），昇圧チョッパ（step-up, boost chopper），昇降圧チョッパ（step-up and down, buck-boost chopper）がある．

6.6.1　降圧チョッパ

図 6.18 に降圧チョッパと動作波形を示す．スイッチ S が周期 T でオン・オフを繰り返す．スイッチ S がオンの時には，電流は E → S → L → R → E を流れ，エネルギーが E より負荷（抵抗 R）に供給される．このとき電源電流 i_S と L を流れる電流（＝負荷電流）i_L は等しく，ダイオードを流れる電流 i_D は零である．この期間では，i_L は増加し，エネルギーが L に蓄えられる．

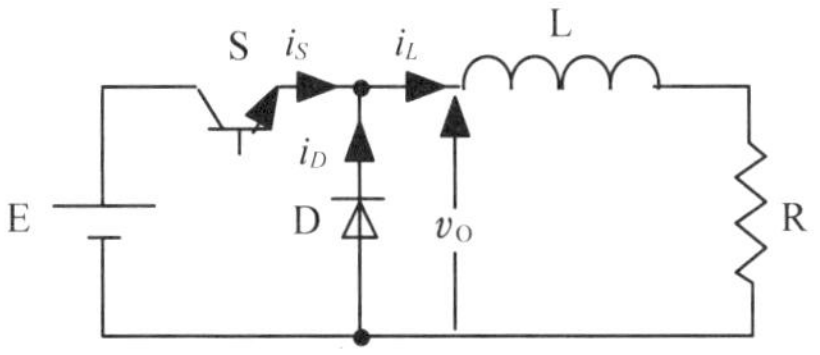

(a)

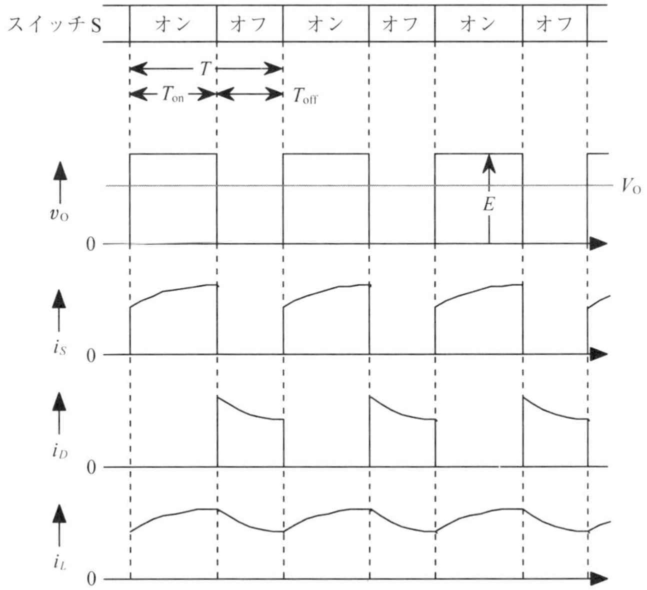

(b)

図 6.18　降圧チョッパ

次に，Sがオフすると，Lには逆起電力が発生し，LとRを流れていた電流はダイオードを通って流れる．このダイオードを環流ダイオード（free wheeling diode）とよぶ．この期間では，Lは蓄えていたエネルギーを放出し，電流は減少する．このとき i_L と i_D は等しく，i_S は零である．したがって，i_L はSのオン時に増加し，Sのオフ時に減少するリプルを含んだ波形となる．

図のように出力電圧 v_0 の波形は，Sのオン時に電源電圧 E，Sのオフ時に零となる．したがって，出力電圧の平均値 V_0 は，

$$V_0=\frac{T_{\mathrm{on}}}{T_{\mathrm{on}}+T_{\mathrm{off}}}E=\frac{T_{\mathrm{on}}}{T}E=dE \tag{6.28}$$

となる．ここで，T_{on} はSのオン時間，T_{off} はSのオフ時間，d は1周期中のオン時間の割合でデューティファクタ（duty factor）である．したがって出力電圧は，デューティファクタを変化させることで制御できる．$0 \leqq d \leqq 1$ より，

$$0 \leqq V_0 \leqq E \tag{6.29}$$

であり，降圧チョッパの出力電圧は電源電圧よりも小さくなる．

6.6.2 昇圧チョッパ

図6.19に昇圧チョッパと動作波形を示す．降圧チョッパと同様に，スイッチSは周期 T でオン・オフを繰り返す．スイッチSのオン時には，電流はE→L→S→Eを流れる．このときLに E が印加され，リアクトルを流れる電流 i_L は増加し，リアクトルはEからのエネルギーを蓄積する．この期間，ダイオードには電流は流れず，負荷（抵抗R）にはコンデンサCよりエネルギーが供給される．

次に，Sがオフすると，電流はE→L→D→C（R）→Eを流れる．このとき，Lに蓄えられていたエネルギーは放出され，Cを充電するとともに負荷にエネルギーを供給する．したがって，この期間に i_L は減少する．この期間にLに印加される電圧は，$E-V_0$ である．

コンデンサCが十分大きく，出力電圧 V_0 が一定であると仮定し，E と V_0 の関係を求める．定常状態では，Sがオン時のリアクトルLにかかる電圧の積分値とオフ時のリアクトルLにかかる電圧の積分値は等しいことより，

$$\int_0^{T_{\mathrm{on}}} E\,dt=\int_0^{T_{\mathrm{off}}}(V_0-E)\,dt \tag{6.30}$$

となる．これより次式が得られる．

$$E\cdot T_{\mathrm{on}}=(V_0-E)\,T_{\mathrm{off}} \tag{6.31}$$

これより，出力電圧 V_0 は，

$$V_0=\frac{T_{\mathrm{on}}+T_{\mathrm{off}}}{T_{\mathrm{off}}}E=\frac{1}{1-T_{\mathrm{on}}/T}E=\frac{E}{1-d} \tag{6.32}$$

となる．ここで d はデューティファクタであり，$0 \leqq d \leqq 1$ の関係より出力電圧は $d=0$ のとき電源電圧と等しくなり，d を大きくするとともに昇圧してゆく．

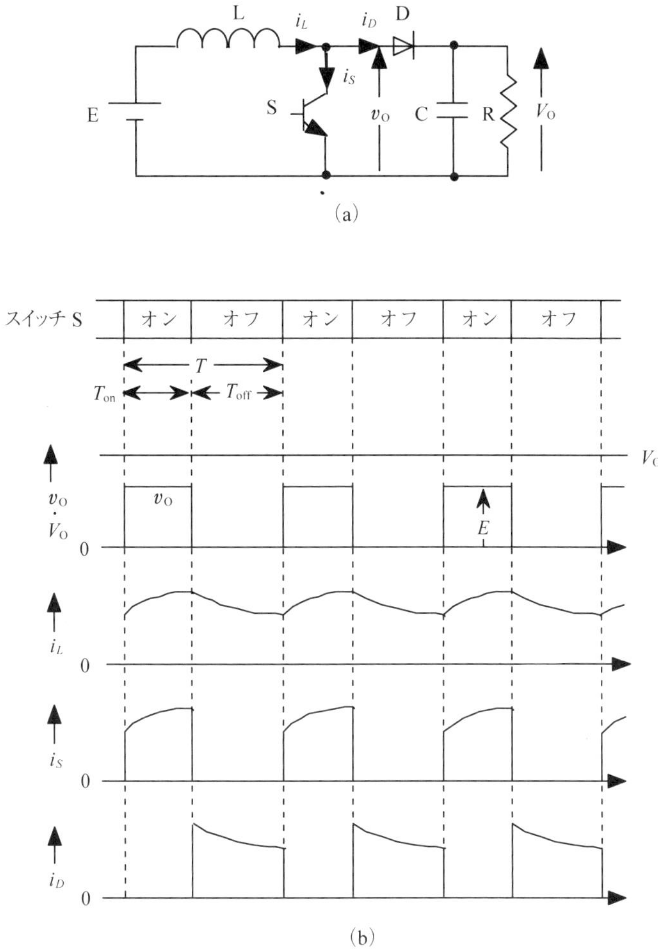

図 6.19 昇圧チョッパ

6.6.3 昇降圧チョッパ

図 6.20 に昇降圧チョッパと動作波形を示す．前に説明した 2 つのチョッパと同様に，スイッチ S は周期 T でオン・オフを繰り返す．スイッチオン時には，電流は E → S → L → E を流れる．このとき L に E が印加され，リアクトルを流れる電流 i_L は増加し，リアクトルは E からのエネルギーを蓄積する．このチョッパでは，出力電圧の方向は矢印の方向となるため，ダイオードには電流は流れない．

次に S がオフすると，電流は L → C (R) → D → L を環流し，リアクトルは $-V_O$ の電圧が印加されて蓄えられていたエネルギーを放出し，i_L は減少する．この期間，コンデンサ C は図で示した電圧の方向に充電される．すなわち昇降圧チョッパの出力電圧は，降圧チョッパや昇圧チョッパの出力電圧と逆極性になる．

スイッチング 1 周期におけるリアクトル電圧 v_L は図 6.20(b) の波形となり，

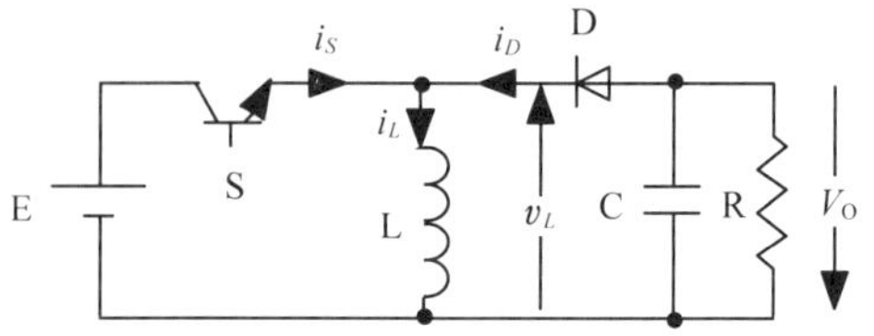

(a)

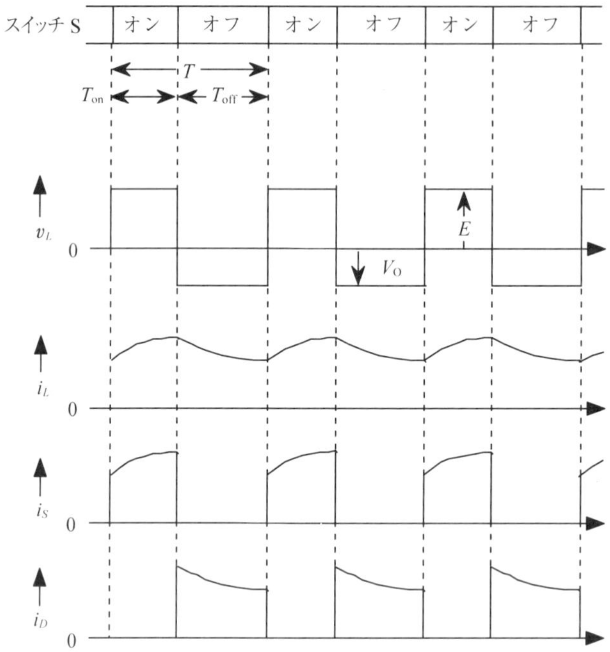

(b)

図 6.20　昇降圧チョッパ

S がオンのときに E，S がオフのときに $-V_0$ となる．定常状態でのリアクトル電圧の 1 周期の積分は零となる．

$$\int_0^{T_{on}} E dt + \int_0^{T_{off}} (-V_0)\, dt = 0 \qquad (6.32)$$

すなわち，

$$E \cdot T_{on} = V_0 \cdot T_{off} \qquad (6.33)$$

これより，出力電圧について次式が得られる．

$$V_0 = \frac{T_{on}}{T_{off}} E = \frac{T_{on}/T}{1 - T_{on}/T} E = \frac{dE}{1-d} \qquad (6.34)$$

$d=0.5$ のとき V_0 は E と等しくなり，出力電圧は $0 \leqq d < 0.5$ では電源電圧より小さく，$d > 0.5$ では大きくなる昇降圧特性をもつ．

6.7 直流-交流変換回路

直流-交流変換（逆変換）回路について学ぶ．このパワーエレクトロニクス回路はインバータ（inverter）であり，直流電源を用いて任意の周波数の電圧や電流を発生する．インバータは，直流電圧源を電源とし交流電圧を出力する電圧形インバータ（voltage source inverter，VSI）と，直流電流源を電源とし交流の電流を出力する電流形インバータ（current source inverter，CSI）に分類できる．

6.7.1 インバータの動作

図6.21は単相電圧形インバータと動作波形を示す．電圧形インバータは電源が直流電圧源であり，パワートランジスタ，MOSFET，IGBTなどの自己消弧形電力用半導体デバイス（図ではパワートランジスタ）とダイオードが逆並列接続されたスイッチを4個用いる．図で示すようにTr_1，Tr_4のペアとTr_2，Tr_3のペアのベースに交互にベース信号が与えられている．これによりインバータは，周期T，振幅Eの方形波電圧v_0を出力する．

$$v_0=\begin{cases} E & S_1, S_4：\text{on} \\ -E & S_2, S_3：\text{on} \end{cases}$$

ここで，S_1はTr_1とD_1よりなるスイッチ，S_2はTr_2とD_2よりなるスイッチ，S_3はTr_3とD_3よりなるスイッチ，S_4はTr_4とD_4よりなるスイッチである．負荷が誘導性であるため，負荷に流れる電流は応答が遅れ，指数関数的に変化する．

$v_0>0$の期間の動作について考える．この期間で電流をみると，負の期間と正の期間がある．$i<0$の期間では，スイッチS_1ではダイオードD_1がオン，スイッチS_4ではダイオードD_4がオンしており，電流は$L\to D_1\to E\to D_4\to R\to L$と流れ，リアクトルLのエネルギーの一部が電源Eへ回生されている．一方，$i>0$の期間では，スイッチS_1ではトランジスタTr_1がオン，スイッチS_4ではトランジスタTr_4がオンしており，電流は$E\to Tr_1\to L\to R\to Tr_4\to E$と流れ，電源から負荷に電力が供給されている．

出力電圧波形は方形波であり，これは多くの高調波を含んでいる．図の方形波をフーリエ級数展開すると次式となる．

$$\begin{aligned} v_0&=\frac{4}{\pi}E\sum_{n=1,3,5,\cdots}^{\infty}\frac{1}{n}\sin n\omega t \\ &=\frac{4}{\pi}E\left\{\sin\omega t+\frac{1}{3}\sin 3\omega t+\frac{1}{5}\sin 3\omega t+\cdots\cdots\right\} \end{aligned} \tag{6.35}$$

すなわち，奇数次の高調波を含み，その大きさは基本波の$1/n$である．

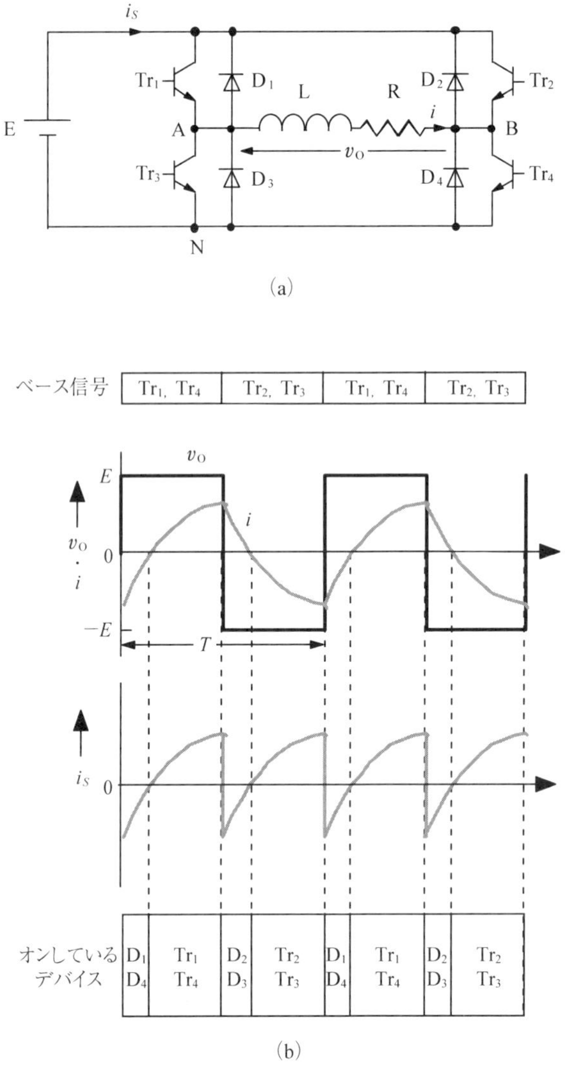

図 6.21 単相電圧形インバータ

6.7.2 電 圧 制 御

インバータの出力周波数は，図6.21で示したようにトランジスタのベース信号の周波数で決定される．しかし式（6.35）からもわかるように，出力電圧は直流電源電圧の大きさにより決定され，インバータ出力電圧を変化させるためには，直流電源電圧の大きさを変える必要がある．これを行うためには可変の直流電圧源が必要となる．一方，トランジスタのスイッチング方法によりインバータの出力電圧を制御する方法がパルス幅（pulse width）制御であり，以下，これについて学ぶ．

図6.21(a) の単相電圧形インバータで，各トランジスタへのベース信号を図

6.22 のとおりとする．すなわち，トランジスタ Tr_1 とトランジスタ Tr_4 のベース信号を T_α だけずらす．これによりインバータの点 N に対する点 A の電圧 v_{AN} と点 N に対する点 B の電圧 v_{BN} は，同様に T_α だけずれる．したがって，インバータの出力電圧 v_O は図 6.22 の波形となり，その大きさは図 6.21 よりも小さくなる．すなわち T_α を変えることにより，インバータの出力電圧を制御することができる．$\theta=\omega(T/2-T_\alpha)$ として v_O をフーリエ級数展開すると，

$$
\begin{aligned}
v_O &= \frac{4}{\pi}E\sum_{n=1,3,5,\cdots}^{\infty}\frac{(-1)^{(n-1)/2}}{n}\sin\frac{n\theta}{2}\cdot\sin n\omega t \\
&= \frac{4}{\pi}E\left\{\sin\frac{\theta}{2}\cdot\sin\omega t-\frac{1}{3}\cdot\sin\frac{3\theta}{2}\cdot\sin 3\omega t\right. \\
&\quad \left.+\frac{1}{5}\sin\frac{5\theta}{2}\cdot\sin 5\omega t-\cdots\cdots\right\}
\end{aligned}
\tag{6.36}
$$

となり，θ により出力電圧が制御できることがわかる．しかし，式よりわかるようにパルス幅制御では低次の高調波が発生する．

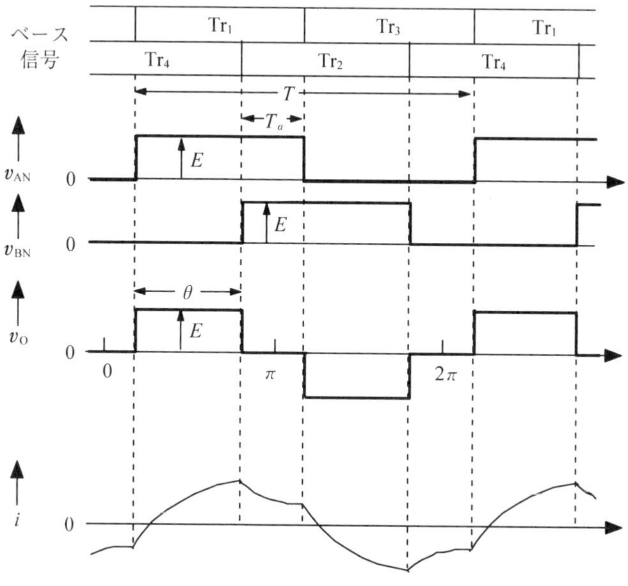

図 6.22 パルス幅制御

6.7.3 PWM 制御

パルス幅制御では出力電圧の制御はできるが，低次の高調波が多く発生する．低次の高調波はインバータの負荷として接続された機器の動作に影響するため，これを除去することが望まれる．このような低次高調波の発生がなく出力電圧を制御する方法として，PWM（pulse width modulation）制御が広く用いられている．ここでは，この PWM 制御について学ぶ．

図6.23に三角波比較方式PWM制御の動作原理を示す．三角波比較方式は，変調波である正弦波 v_r と搬送波である三角波 v_c の大きさを比較することにより，トランジスタのベース信号を作成する．スイッチのオン・オフは次のように行う．

①スイッチ S_1 と S_3 からなる左側アーム

$v_r \geqq v_c$ のとき　スイッチ S_1 がオン

$v_r > v_c$ のとき　スイッチ S_3 がオン

②スイッチ S_2 と S_4 からなる右側アーム

$-v_r \geqq v_c$ のとき　スイッチ S_2 がオン

$-v_r < v_c$ のとき　スイッチ S_4 がオン

v_r を

$$v_r(t) = V_r \sin \omega t \qquad (6.37)$$

とし，v_c の振幅を V_c とするとき，$a = V_r / V_c$ を変調度という．これより v_{AN} と v_{BN} それぞれの搬送波の周期毎の平均をとった局所平均値 $\bar{v}_{AN}(t)$，$\bar{v}_{BN}(t)$ は，

$$\bar{v}_{AN}(t) = \frac{1}{2}(1 + a \sin \omega t) E \qquad (6.38)$$

$$\bar{v}_{BN}(t) = \frac{1}{2}(1 - a \sin \omega t) E \qquad (6.39)$$

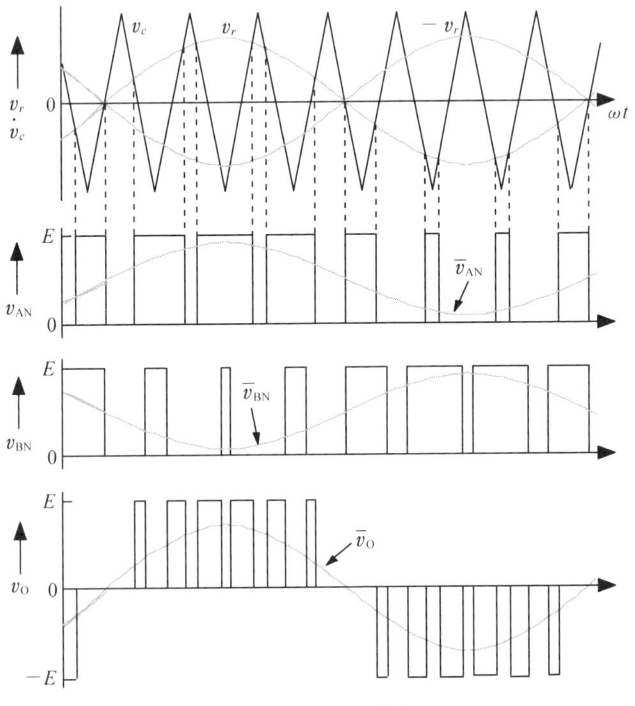

図 6.23　PWM 制御

で表される．したがって，インバータ出力電圧の局所平均値 $\bar{v}_{\mathrm{O}}(t)$ は次式で与えられる．

$$\bar{v}_{\mathrm{O}}(t)=\bar{v}_{\mathrm{AN}}(t)-\bar{v}_{\mathrm{BN}}(t)=aE\sin\omega t \tag{6.40}$$

これより，インバータ出力電圧は，変調度を変えることにより制御することができる．また，発生する高調波は搬送波周波数とその倍数次周波数近傍に存在し，搬送波周波数は変調波周波数に比較して大きいため，パルス幅制御で発生していた低次高調波の発生はない．

6.7.4　電流形インバータ

単相電流形インバータを図 6.24 に示す．電圧形インバータは電圧源を電源とするが，電流形インバータは電流源を電源とする．このインバータは，電流源とトランジスタとダイオードの直列接続からなる 4 個のスイッチ（S_1，S_2，S_3，S_4）より構成される．スイッチは S_1，S_4 のペアと S_2，S_3 のペアが交互にオンし，負荷に任意の周波数の方形波電流を供給する．電源には大きなリアクトルが接続され，電流の連続性を確保する必要があることより，上側スイッチ S_1，S_2 のうち 1 個，下側スイッチ S_2，S_4 のうち 1 個は必ずオンする必要がある．

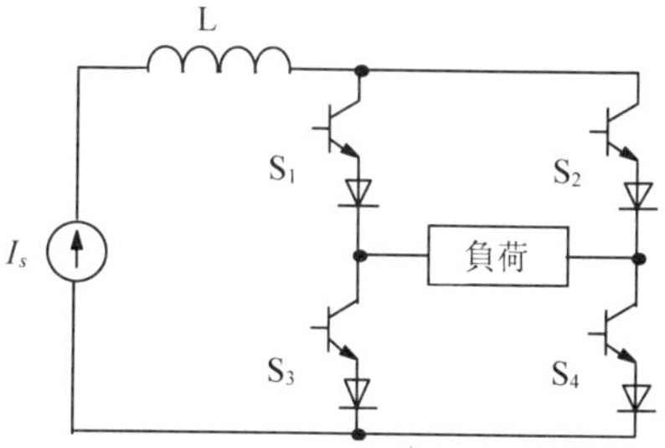

図 6.24　電流形インバータ

図 6.21(a) の電圧形インバータと比較し，電流形インバータの特徴を以下に簡単にまとめる．

a. 電　源

VSI　：電圧源（入力側に大容量コンデンサをもつ）

CSI　：電流源（入力側に大きなリアクトルをもつ）

b. スイッチ

VSI　：半導体デバイスとダイオードの逆並列接続

CSI　：半導体デバイスとダイオードの直列接続

c. 出力波形

VSI　：電圧は方形波，電流はほぼ正弦波

CSI　：電圧はほぼ正弦波，電流は方形波

6.8　交流-交流変換回路

交流-交流変換（交流変換）回路について学ぶ．このパワーエレクトロニクス回路には，逆並列サイリスタを交流スイッチとして用いた交流電力調整回路と，一定電圧，周波数の交流から可変電圧，可変周波数の交流に直接変換するサイクロコンバータがある．交流電力調整回路は，白熱電球の光出力の調整を行う調

光，電気こたつの温度制御など，われわれの身のまわりの電気製品に多く用いられている回路である．サイクロコンバータは，大容量の交流電動機を可変速駆動する電力変換器として用いられている．ここでは交流変換を行う回路として，交流電力調整回路について学ぶ．

図6.25に単相交流電力調整回路と動作波形を示す．回路は，交流電圧を逆並列接続されたサイリスタを用いて，そのサイリスタを点弧する位相制御により負荷電力を制御するものである．電源電圧の正の半サイクルにおいて $\theta=\alpha$［rad］でサイリスタ Th_1 に，負の半サイクルにおいて $\theta=\pi+\alpha$［rad］でサイリスタ Th_2 にそれぞれゲート信号を与え，2つのサイリスタを交互に点弧する．サイリスタ Th_1 は $\theta=\alpha$［rad］で導通し，電流が流れる．電流は負荷のリアクトルのため零から増加し，負荷電圧 v_L が負になっても流れつづけ，Th_1 は位相 β で電流が零になり消弧する．α を点弧角，β を消弧角という．サイリスタ Th_2 は，π だけ位相がずれて Th_1 と同じ動作をする．点弧角 α は，2つのサイリスタが交互に導通し，対称な動作を行うためには，$\phi\leqq\alpha\leqq\pi$ の範囲となる．ただし，$\phi=\tan^{-1}(\omega L/R)$ である．すなわち，$\alpha=\phi$ のときには負荷電流 i_L は正弦波となり，サイリスタがない場合の波形と同じになる．また，$\alpha=\pi$ では電源電圧はすべてサイリスタに印加され，負荷電圧は零となり，負荷電流は流れなくなる．

負荷に流れる電流は，交流電圧源にR-L負荷をもつ回路の過渡現象として解くことができる．交流電圧 v_S を，

$$v_S=\sqrt{2}\,V_S\sin\omega t \tag{6.41}$$

とすると，負荷電流 i_L は次式となる．

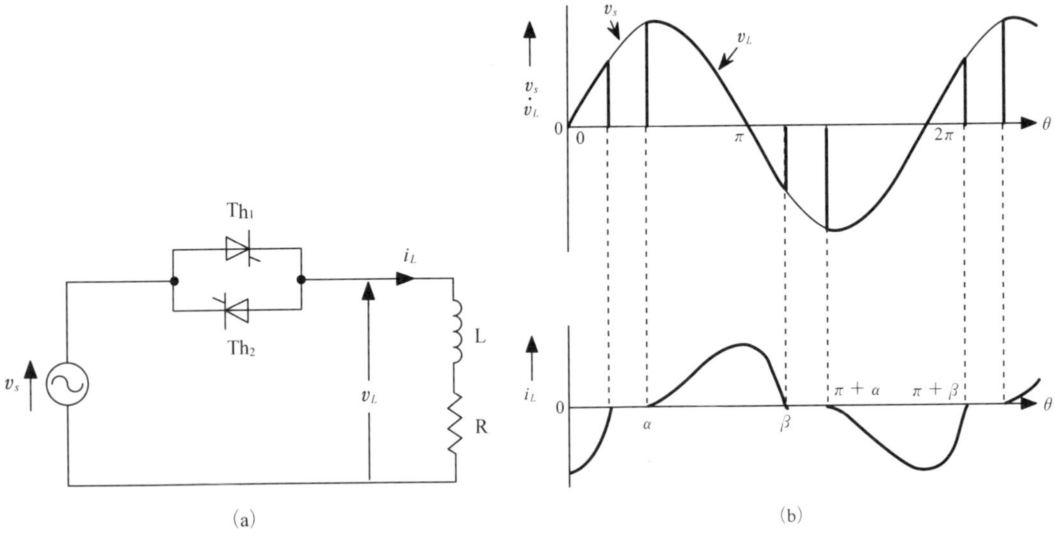

図 6.25　単相交流電力調整回路

$$i_L=\frac{\sqrt{2}\,V_S}{\sqrt{R^2+(\omega L)^2}}\left\{\sin\,(\omega t-\phi)-\sin\,(\alpha-\phi)\cdot e^{-\frac{R(\omega t-\alpha)}{\omega L}}\right\} \tag{6.42}$$

点弧角 α を変化させることにより負荷電圧を制御することができ，これにより負荷を流れる電流を調整できる．したがって，負荷で消費される電力を調整できる．負荷電圧 v_L の実効値 V_L は，

$$\begin{aligned}V_L&=\sqrt{\frac{1}{\pi}\int_\alpha^{\pi+\alpha} v_L{}^2 d\theta}\\&=\sqrt{\frac{1}{\pi}\int_\alpha^{\beta}(\sqrt{2}\,V_S\sin\theta)^2 d\theta}\\&=V_S\sqrt{\frac{\beta-\alpha}{\pi}+\frac{\sin 2\alpha-\sin 2\beta}{2\pi}}\end{aligned} \tag{6.43}$$

となる．調光器やこたつなど負荷が抵抗のみの場合には $\beta=\pi$ となり，

$$V_L=V_S\sqrt{1-\frac{\alpha}{\pi}+\frac{\sin 2\alpha}{2\pi}} \tag{6.44}$$

で与えられる．

文　　献

1) 電気学会・半導体電力変換システム調査専門委員会編“パワーエレクトロニクス回路”，オーム社（2000）．
2) 電気学会・半導体電力変換方式調査専門委員会編“半導体電力変換回路”，オーム社（1987）．
3) 河村“現代パワーエレクトロニクス”，数理工学社（2005）．
4) 矢野，打田“パワーエレクトロニクス”，丸善（2000）．
5) 堀，植田，村井，林，松井，石田“パワーエレクトロニクス”，オーム社（1996）．

演　習　問　題

● 6.1　図 6.26 の抵抗負荷を有する単相サイリスタ全波整流回路の点弧角 $\alpha=\pi/3$ のときの直流電圧 e_d の波形を描け．次に，直流電圧平均値 E_d および電源電流 i_S の実効値を求めよ．ただし，交流電源電圧の実効値を 100 V，周波数を 60 Hz，負荷抵抗 R を 10 Ω とする．

● 6.2　100 V の直流電源を用いて，負荷に 150 V の直流電圧を供給する直流チョッパ回路を製作したい．どのようなチョッパ回路を用いて製作し，そのときデューティファクタの値をいくらにすればよいか．ただしリアクトル，負荷端に接続するコンデンサの容量は十分大きいものとする．

● 6.3　図 6.21 の単相電圧形インバータの出力電圧 v_0 のひずみ率 *THD* を求めよ．

● 6.4　誘導機などの電気機器を起動する場合，電源電圧を直に加えると磁気飽和のため始動時に非常に大きな電流が流れ，機器の損傷やほかの機器の誤動作を引き起こす場合がある．このような場合，始動時に逆並列接続したサイリスタスイッチを用いたソフトスタート回路が使用される．このソフトスタートの原理について説明せよ．

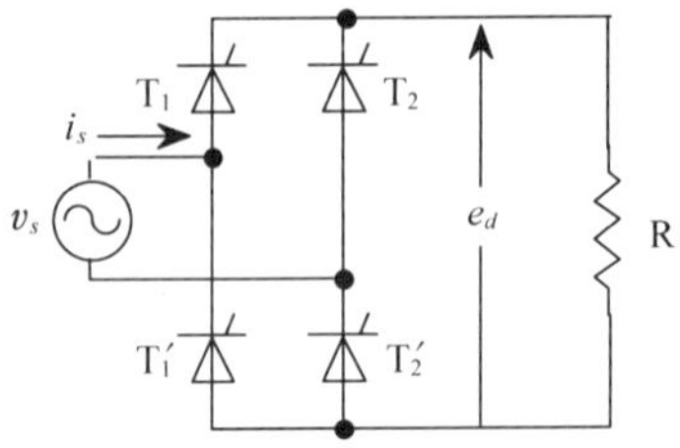

図 6.26

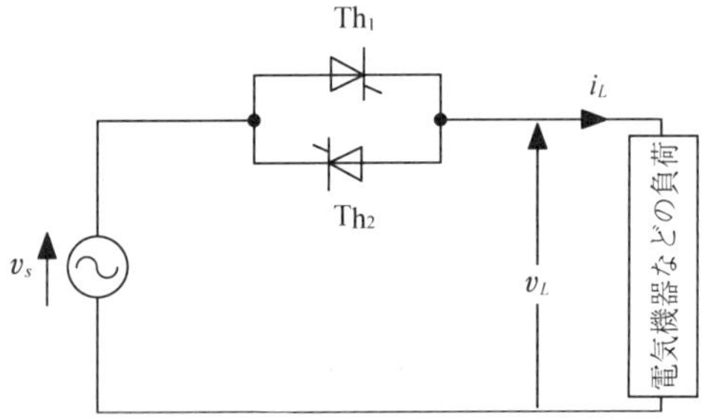

図 6.27　ソフトスタート

コ　ラ　ム

コンデンサインプット形整流回路と PFC

われわれの身のまわりにある電気製品には集積回路が用いられており，これは直流電源で動作している．一方，これら電気製品が使用する電力は，商用周波数の交流電源から供給されている．そこで，交流を直流に変換する整流回路が使用されるが，構成が簡単で安価であることより，図 6.15 に示したダイオードブリッジの直流出力側にコンデンサを接続した，コンデンサインプット形整流回路がこれまで多く使用されていた．しかし，この回路の電源電流はパルス状の波形となり，力率が悪く，低次高調波の発生が大きいなどの欠点をもつ．この欠点が問題となり，これを改善する方法として PFC（power factor correction）回路が開発されている．これは，ダイオード整流回路の直流出力側にスイッチングデバイスを用いて，電源電流を電源電圧と同相の正弦波とする回路である．この回路は，高調波の発生が少なく，力率 1 の理想的な特性をもつ直流変換回路である．

演習問題の解答

◎ 1.1

$$f = iBl = 2\sin 120\pi t \times 1.5\sin\left(120\pi t - \frac{\pi}{2}\right) \times 0.5$$
$$= 1.5\sin 120\pi t \cdot \sin\left(120\pi t - \frac{\pi}{2}\right)$$
$$= -1.5\sin 120\pi t \cdot \cos 120\,\pi t$$
$$= -0.75\sin 240\,\pi t\ \text{[N]}$$

◎ 1.2

磁気抵抗は，

$$R_m = \frac{l}{\mu_s \mu_0 S}$$

である．したがって，鉄心に発生する磁束は，

$$\phi(t) = \frac{N_1 i_1}{R_m} = \frac{100 \times 10\sin 120\,\pi t}{0.5/1000 \times 4\pi \times 10^{-7} \times 4 \times 10^{-4}}$$
$$= 3.2\pi \sin 120\pi t \times 10^{-4}\ \text{[Wb]}$$

となる．

ファラデーの法則より，右側の巻線に発生する電圧は，

$$v_2(t) = -N_2 \frac{d\phi(t)}{dt} = -19.2\pi^2 \cos 120\pi t\ \text{[V]}$$

となる．

◎ 2.1　200 V，90 A

◎ 2.2　V_1=5 kV，V_2=500 V

◎ 2.3　(3) 97.4%

◎ 2.4　(2) 0.346

◎ 2.5　(3) 2820 Wh

◎ 2.6　(2) p=0.72%，q=5.96%，(3) 4.15%

◎ 2.7　6%

◎ 2.8　(6) 35 倍，(7) p=1.63%，q=2.35%，ε=2.71%

◎ 2.9　(2) 110 kVA

◎ 2.10　27.7 kW

◎ 3.1　(1) $n_0 = \dfrac{f}{p} \times 60 = \dfrac{50}{2} \times 60 = 1500$ [rpm]

(2) $s = \dfrac{n_0 - n}{n_0} = \dfrac{1500 - 1450}{1500} = \dfrac{1}{30}$

(3) $f_{2s} = sf = \dfrac{1}{30} \times 50 = 1.67$ [Hz]

(4) b相とc相とを入れかえた直後に回転磁界は反対方向に回転するが，回転子は慣性のために入れかえた直後も今までと同じ方向に同じ速度で回転する．したがって，回転子は回転磁界と反対方向に回っていることになるので

$$n=-1450\ [\mathrm{rpm}]$$

$$\therefore\quad s=\frac{n_0-n}{n_0}=\frac{1500-1450}{1500}=1.97$$

● 3.2

1次一相の巻線抵抗は，式（3.25）から下記のように求められる．

$$r_1=\frac{R_0}{a}\cdot\frac{235+75}{235+20}=0.6\ [\Omega]$$

無負荷試験時に回転子は同期速度で回転しているものとみなし，1次一相の等価回路が図3.16(b) のように表せるから，式（3.26）を用いて，各定数は下記のように求まる．

$$g_i=\frac{340-90}{3(200/\sqrt{3})^2}=0.625\times10^{-2}\ [\Omega^{-1}]$$

$$g_w=\frac{90}{3(200/\sqrt{3})^2}=0.225\times10^{-2}\ [\Omega^{-1}]$$

$$b_0=\sqrt{\frac{(3.9)^2}{(200/\sqrt{3})^2}-(g_i+g_w)^2}=3.29\times10^{-2}\ [\Omega^{-1}]$$

拘束試験時の印加電圧が低いので，励磁回路は無視して考えることができる．式（3.27）および（3.28）から，以下のように r_2'，x_1+x_2' を求めることができる．

$$r_1+r_2'=\frac{300/3}{9^2}=1.234\ [\Omega]\qquad\therefore\quad r_2'=1.234-r_1=0.634\ [\Omega]$$

$$x_1+x_2'=\sqrt{\left(\frac{40/\sqrt{3}}{9}\right)^2-1.234^2}=2.25\ [\Omega]$$

● 3.3

図3.15(b) の簡易等価回路の I_1' は，下記のように計算される．

$$I_1'=\frac{V_1}{\sqrt{(r_1+r_2'/s)^2+(x_1+x_2')^2}}$$

したがって出力は，

$$P_0=3I_2'^2r_2'\frac{1-s}{s}=\frac{3V_1^2}{(r_1+r_2'/s)^2+(x_1+x_2')^2}\frac{r_2'(1-s)}{s}$$

$$=3\times\frac{200^2/3}{\{0.6+(0.634/0.04)\}^2+2.25^2}\times\frac{0.634(1-0.04)}{0.04}=2207.9\ [\mathrm{W}]$$

次にトルクは，以下のように計算できる．

$$T=\frac{P_0}{(2\pi f/p)(1-s)}=\frac{2207.9}{2\pi\times50/2\times(1-0.04)}=14.6\ [\mathrm{N\cdot m}]$$

● 3.4

P_0：$W_{c2}=1-s$：sであるから，

$$\frac{1-s}{s}=\frac{7.5\times10^3}{300}\qquad\therefore\quad s=0.0385\quad \text{すべりは，}3.85\,\%$$

効率は，$\eta=\dfrac{P_0}{P_{\mathrm{in}}}$ であるから，

$$P_{\mathrm{in}}=\frac{7.5}{0.85}=8.82\ [\mathrm{kW}]$$

2次入力 $P_{\mathrm{sy}}=P_0+W_{c2}$ であるから，

$$P_{\mathrm{sy}}=7.5+0.3=7.8\ [\mathrm{kW}]$$

したがって，2 次効率 $\eta_2=\dfrac{P_0}{P_{sy}}=1-s=0.962$　2 次効率は，96.2 %

● 3.5

この誘導電動機の同期速度 n_0 は，

$$n_0=\frac{f}{p}\times 60=\frac{50}{2}\times 60=1500\ [\mathrm{rpm}]$$

したがって，全負荷回転時のときのすべり s_1 は，

$$s_1=\frac{1500-1440}{1500}=0.04$$

一方，1200 rpm の回転数のときのすべり s_2 は，

$$s_2=\frac{1500-1200}{1200}=0.2$$

すべり s_2 は s_1 の 5 倍である．したがって 2 次抵抗は $5r_2$ にすべきである．よって，2 次回路に挿入する抵抗は $5r_2-r_2=4r_2$ となる．

● 3.6

全負荷入力 $P_{\mathrm{in}}=\dfrac{P_0}{\eta}$ であるから，$P_{\mathrm{in}}=\dfrac{1.4}{0.8}=1.75\ [\mathrm{kW}]$

また，$P_{\mathrm{in}}=3\left(\dfrac{V}{\sqrt{3}}\right)I\cos\theta$ の関係があるから，

$$I=\frac{1.75\times 10^3}{\sqrt{3}\cdot 200\cdot 0.79}=6.4\ [\mathrm{A}]$$

● 3.7

$\dot{I}_A=j\dot{I}_M$ の条件を求めればよい．

したがって，

$$\frac{\dot{V}}{R+j(X_L-X_C)}=\frac{j\dot{V}}{R+jX_L}$$

$$\therefore\quad R+jX_L=jR-(X_L-X_C)$$

$$\therefore\quad X_L=R$$

$$R=X_C-X_L$$

したがって，$X_L=R$，$X_C=2X_L$ である．

● 3.8　省略

● 3.9　省略

● 3.10　省略

● 4.1　20 極

● 4.2　3000 V

● 4.3　7.7% および 23.2%

● 5.1　205.1 V，520.2 W，400 W

● 5.2　6730 W，84.1%

● 5.3　476 min^{-1}

● 5.4　省略

● 6.1

直流電圧 e_d の波形は下図 6.28 となる．また，直流電圧の平均値 E_d は，

$$E_d = \frac{1}{2\pi}\int_0^{2\pi} e_d d\theta = \frac{1}{\pi}\int_\alpha^\pi v_S d\theta = \frac{\sqrt{2}\,V_S}{\pi}\int_\alpha^\pi \sin\theta d\theta = \frac{\sqrt{2}\,V_S}{\pi}\{1+\cos\alpha\}$$

となる．ここで，$V_S=100$ V，$\alpha=\pi/3$ より，

$$E_d = \frac{150\sqrt{2}}{\pi} \ [\mathrm{V}]$$

を得る．

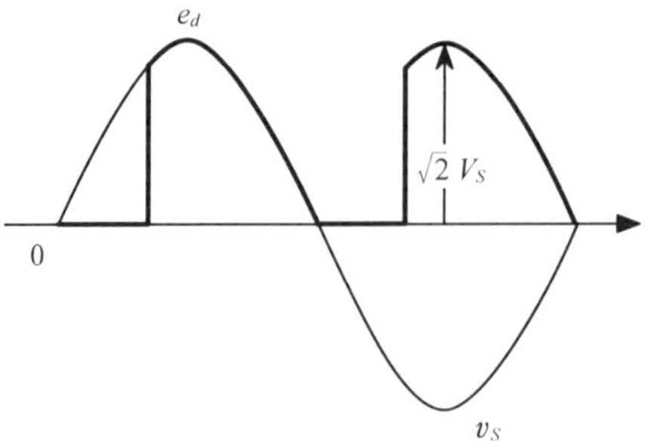

図 6.28

電源電流の実効値 I_S は

$$\begin{aligned} I_S &= \sqrt{\frac{1}{\pi}\int_0^\pi i_S(\theta)^2 d\theta} \\ &= \frac{\sqrt{2}\,V_S}{R}\sqrt{\frac{1}{\pi}\int_\alpha^\pi \sin^2\theta d\theta} \\ &= \frac{\sqrt{2}\,V_S}{R}\sqrt{\frac{1}{\pi}\int_\alpha^\pi \frac{1-\cos 2\theta}{2}\, d\theta} \\ &= \frac{V_S}{R}\sqrt{\frac{1}{\pi}\left(\pi-\alpha+\frac{1}{2}\sin 2\alpha\right)} \end{aligned}$$

となる．ここで，$V_S=100$ V，$\alpha=\pi/3$，$R=10\,\Omega$ より，

$$I_S = 10\sqrt{\frac{2}{3}+\frac{\sqrt{3}}{4\pi}} \ [\mathrm{A}]$$

となる．

6.2

入力の直流電圧が 100 V，出力の直流電圧が 150 V であることより，使用する直流チョッパは，昇圧チョッパまたは昇降圧チョッパとなる．

昇圧チョッパを用いる場合，式（6.32）よりデューティファクタと電圧の関係は，

$$\frac{V_0}{E} = \frac{1}{1-d}$$

であるから，

$$d = \frac{1}{3}$$

となる．

また，昇降圧チョッパを用いる場合，式（3.34）よりデューティファクタと電圧の関係は，

$$\frac{V_0}{E} = \frac{d}{1-d}$$

であるから，

$$d = 0.6$$

となる．

◎ 6.3

出力電圧 v_o の実効値 V を求める．

$$V=\sqrt{\frac{1}{2\pi}\int_0^{2\pi} {v_o}^2 d\theta}=E\sqrt{\frac{1}{\pi}\int_0^{\pi} 1\, d\theta}=E$$

基本波実効値 V_1 は式（6.35）より

$$V_1=\frac{2\sqrt{2}}{\pi}E$$

となる．したがって，THD は

$$THD=\frac{\sqrt{V^2-{V_1}^2}}{V_1}=\frac{\sqrt{2\pi^2-16}}{4}$$

である．

◎ 6.4

図 6.26 に示す逆並列接続されたサイリスタスイッチを用いたソフトスタート回路では，各電源半サイクルでの負荷電圧実効値 V_L は，

$$V_L=V_S\sqrt{\frac{\beta-\alpha}{\pi}+\frac{\sin 2\alpha-\sin 2\beta}{2\pi}}$$

で計算される．$\phi\leqq\alpha\leqq\pi$ であり，$\alpha=\phi$ で $V_L=V_S$，$\alpha=\pi$ で $V_L=0$ となり，点弧角 α を大きくするにしたがい負荷電圧実効値は減少する．したがって，始動の最初には α を大きくして電圧を絞り，その後少しずつ α を小さくしていくことにより，負荷へ印加される電圧を増加させる．これにより，始動時に磁気飽和などにより過大な電流が流れることを避ける回路である．

索　　引

た　行

な　行

は　行

ま　行

や　行

ら　行

わ　行

著 者 略 歴

山 下 英 生（やました・ひでお）

1941 年　広島県に生まれる
1968 年　広島大学大学院工学研究科修了
現　在　広島工業大学情報学部教授
　　　　工学博士
〔第 3 章担当〕

猪 上 憲 治（いのうえ・けんじ）

1945 年　広島県に生まれる
1967 年　広島工業大学工学部卒業
現　在　広島工業大学工学部教授
　　　　工学博士
〔第 4 章，第 5 章担当〕

舩 曳 繁 之（ふなびき・しげゆき）

1953 年　岡山県に生まれる
1979 年　岡山大学大学院工学研究科修了
現　在　島根大学総合理工学部教授
　　　　工学博士
〔第 1 章，第 6 章担当〕

西 村　亮（にしむら・りょう）

1966 年　北海道に生まれる
1994 年　北海道大学大学院工学研究科修了
現　在　鳥取大学工学部准教授
　　　　博士（工学）
〔第 2 章担当〕

電気・電子工学テキストシリーズ 2

電 気 機 器

定価はカバーに表示

2006 年 3 月 25 日　初版第 1 刷
2008 年 3 月 10 日　　　第 2 刷

著　者　山 下 英 生
　　　　猪 上 憲 治
　　　　舩 曳 繁 之
　　　　西 村 　 亮
発行者　朝 倉 邦 造
発行所　株式会社 朝 倉 書 店
東京都新宿区新小川町6-29
郵便番号　162-8707
電　話　03(3260)0141
FAX　03(3260)0180
http: // www.asakura.co.jp

〈検印省略〉

新日本印刷・渡辺製本

ISBN 978-4-254-22832-8　C3354　Printed in Japan